# 变电站标准化工作手册

# 电气试验

国网内蒙古东部电力有限公司设备管理部　编

中国电力出版社
CHINA ELECTRIC POWER PRESS

## 内容提要

近年来，以特高压为代表的电网发展和技术进步给变电站标准化工作提出新课题，日趋严格的生产安全法治环境给变电站规范化管理带来新挑战。为进一步加强变电站标准化工作，国网内蒙古东部电力有限公司设备管理部组织编制了《变电站标准化工作手册》丛书。丛书包括《标准化体系研究与构建》《变电运维》《变电检修》《电气试验》4个分册，涵盖变电站标准化体系的构建方法以及运维、检修、试验各类生产业务的执行周期、业务流程、工作标准和工作记录，这些内容是变电站实现标准化工作和规范化管理的重要基础和体系保障。丛书图文并茂、直观易学，具有很强的实用性和可推广性。

本分册为《电气试验》，共3章，分别为电气试验基础管理标准化规范、设备评价标准化规范、现场作业管理标准化规范，全面介绍了人员培训、安全活动、档案资料管理、试验装备管理、精益化管理评价、设备年度状态评价等12项变电站电气试验业务的执行周期、业务流程、工作标准和工作记录。

本丛书既可作为变电站生产管理和专业技术人员的工作指导用书，也可作为员工职业培训和高等院校电气工程专业学生的实习书籍。

**图书在版编目（CIP）数据**

变电站标准化工作手册．电气试验/国网内蒙古东部电力有限公司设备管理部编．—北京：中国电力出版社，2019.11

ISBN 978-7-5198-3233-9

Ⅰ.①变…　Ⅱ.①国…　Ⅲ.①变电所—电工试验—标准化—技术手册　Ⅳ.①TM63-65

中国版本图书馆CIP数据核字（2019）第274622号

---

出版发行：中国电力出版社
地　　址：北京市东城区北京站西街19号（邮政编码100005）
网　　址：http：//www.cepp.sgcc.com.cn
责任编辑：赵　杨（010-63412287）
责任校对：黄　蓓　郝军燕
装帧设计：张俊霞
责任印制：石　雷

---

印　　刷：三河市万龙印装有限公司
版　　次：2019年11月第一版
印　　次：2019年11月北京第一次印刷
开　　本：710毫米×1000毫米　16开本
印　　张：6.5
字　　数：100千字
印　　数：0001—2000册
定　　价：46.00元

---

《电气试验》编写人员

主　编　张俊双　李海明

副主编　王保东　李　迪　姜　磊

参　编　胡　健　郭洪武　牟　鑫　刘　学　刘天奇

张星宇　向英翰　聂大禹　刘　斌　王　灵

周　良　王树喜　李　哲　吴荣峰　迟文彬

罗均益　张　军　张小雨　候士波

# Preface 》前 言

近年来，以特高压为代表的电网发展和技术进步给变电站标准化工作提出新课题，日趋严格的生产安全法治环境给变电站规范化管理带来新挑战。2017年，国家电网公司颁布了《国家电网公司变电验收管理规定（试行）》《国家电网公司变电运维管理规定（试行）》《国家电网公司变电检修管理规定（试行）》《国家电网公司变电检测管理规定（试行）》《国家电网公司变电评价管理规定（试行）》五项通用管理制度及其细则试行版（简称变电“五通”），全面规定了公司系统各层级生产单位的职责界面、业务范围和工作要点，为变电站生产精益化提供了遵循标准。

变电“五通”作为国家电网公司的顶层设计，落地实施需要有效的途径和体系保障。为推动变电“五通”与生产实际深度融合、更好落地实施，国网内蒙古东部电力有限公司设备管理部组织编制了《变电站标准化工作手册》丛书。丛书包括《标准化体系研究与构建》《变电运维》《变电检修》《电气试验》4个分册。

丛书回应当前电力系统变电站迫切的生产精益化需求，以变电“五通”为基础，以工作标准化和管理规范化作为生产精益化的实施途径，借鉴先进的管理理论，总结吸收变电站标准化建设经验，系统讲解变电站标准化体系的形势任务、理论基础、构建方法和具体实践，涵盖变电站运维、检修、试验各类生产业务的执行周期、业务流程、工作标准和工作记录。丛书结合变电站生产业务和岗位设置实际，聚焦业务流程清晰、工作标准明确、岗位职责清楚的目标导向，具有很强的先进性、实用性和可推广性，能有效提升变电站工作标准化和管理规范化水平。

丛书以深入浅出的语言讲解管理理论、构建标准化体系、提供实践指导，图文并茂、直观易学，既可作为变电站生产管理和专业技术人员的工作指导用书，也可作为员工职业培训和高等院校电气工程专业学生的实习书籍。

本分册为《电气试验》，共3章，分别为电气试验基础管理标准化规范、设备评价标准化规范、现场作业管理标准化规范，全面系统介绍了人员培训、安全活动、档案资料管理、试验装备管理、精益化管理评价、设备年度状态评价、设备动态评价、工作计划、标准化作业、设备试验、缺陷管理和设备验收等共12项变电站电气试验业务的执行周期、业务流程、工作标准和工作记录。适用于35～1000kV变电站电气试验管理人员、试验班长、技术员、工作负责人、班员等岗位。

由于作者水平有限、时间仓促，书中难免存在不足之处，恳请各位专家和读者批评指正。

编者

2019年8月

# Contents 》目录

# 1　电气试验基础管理标准化规范

## 1.1　人员培训标准化规范

### 1.1.1　业务概述

为提升班组人员业务及技能水平，根据工作实际编制年度培训计划并组织实施。

### 1.1.2　业务流程

人员培训工作流程如图 1－1 所示。

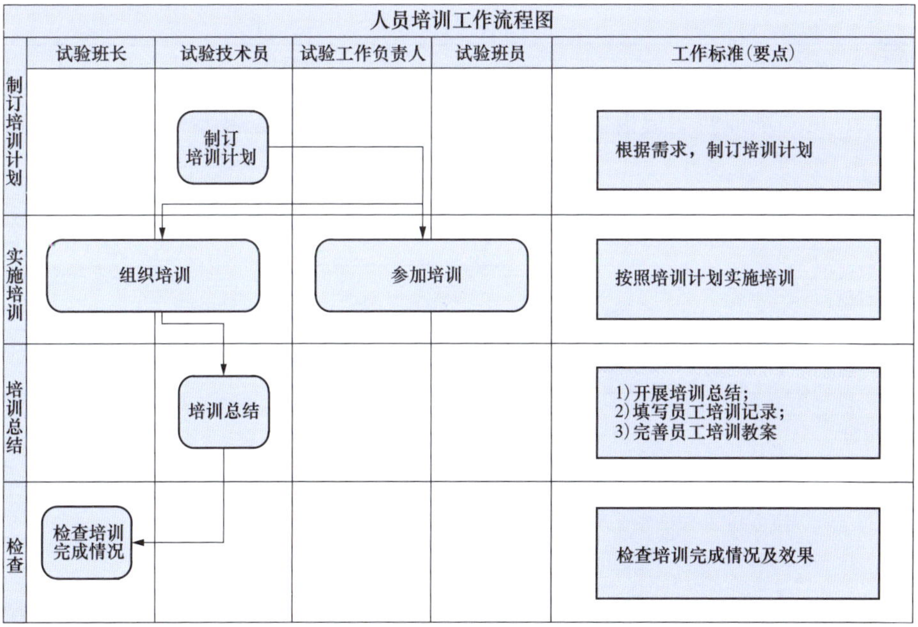


图 1－1　人员培训工作流程图

### 1.1.3 工作记录

(1) 培训计划填报表模板见表1-1。

**表1-1　　××公司××××年度培训计划填报表**

填报单位：××

| 序号 | 培训专业 | 培训内容 | 培训方式 | 施培人 | 培训对象 | 培训日期 | 计划学时 | 负责人 | 费用预算（元） | 考试时间 |
|---|---|---|---|---|---|---|---|---|---|---|
| | | | | | | | | | | |
| | | | | | | | | | | |
| | | | | | | | | | | |
| | | | | | | | | | | |
| | | | | | | | | | | |
| | | | | | | | | | | |

填报人：××　　填报日期：××××年××月××日

(2) 员工培训教案模板见表1-2。

**表1-2　　员工培训教案**

| 单位名称 | | | |
|---|---|---|---|
| 培训计划 | | 培训日期 | |
| 培训对象 | | 施培人 | |
| 培训内容： | | | |

（3）员工培训记录模板见表 1－3。

**表 1－3**　　**员工培训记录**

<table>
<tr><td>单位名称</td><td colspan="6"></td></tr>
<tr><td>培训题目</td><td colspan="2"></td><td>培训时间</td><td></td><td>课时</td><td></td></tr>
<tr><td>施培人</td><td></td><td>培训地点</td><td colspan="4"></td></tr>
<tr><td>培训性质</td><td colspan="6">冬季培训□　员工学习培训日□　管理部室□　二级单位□　班组□　其他□</td></tr>
<tr><td colspan="7">参加人员明细：</td></tr>
<tr><td colspan="7">缺席人员及原因：</td></tr>
<tr><td colspan="7">讲课内容：</td></tr>
</table>

## 1.2　安全活动标准化规范

### 1.2.1　业务概述

安全活动主要学习安全文件、通报、安全规章制度、安全技术知识、劳动卫生知识。班组应结合事故案例，讨论典型事故，总结吸取事故教训。安全活动应每周开展 1 次。

### 1.2.2　业务流程

安全活动工作流程如图 1－2 所示。

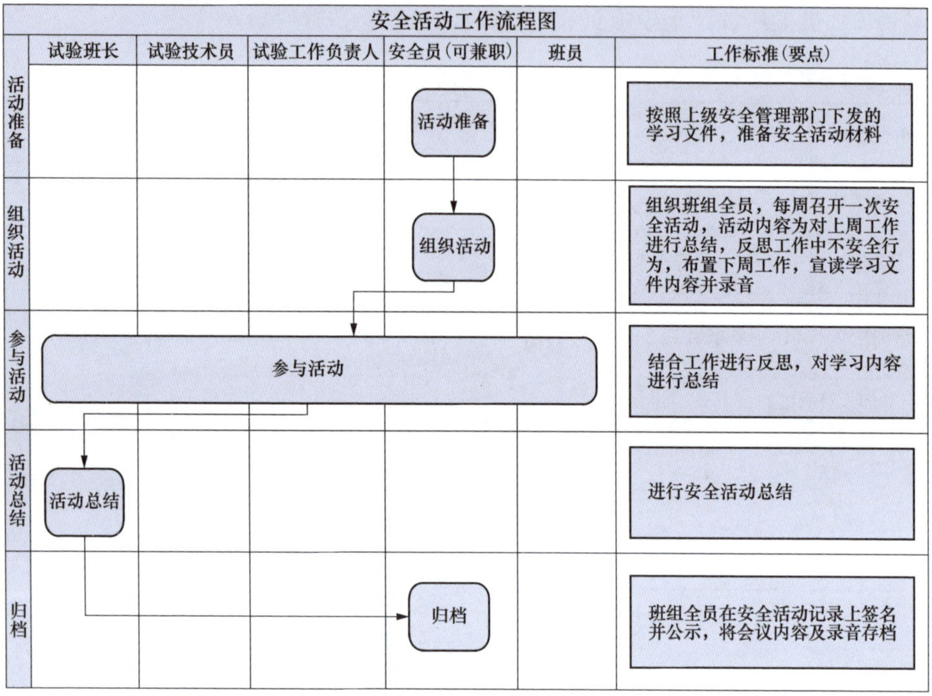


图 1-2　安全活动工作流程图

### 1.2.3　工作记录

安全活动记录模板见表 1-4。

**表 1-4**　　　　**安全活动记录**

| | | | | | |
|---|---|---|---|---|---|
| 活动主题 | ××单位：××班组××月××日安全活动 | | | | |
| 活动时间 | | | 主持人 | | |
| 活动班组 | | | 上级参加人员 | | |
| 本班组参加人员 | | | | | |
| 缺席人员 | | | | | |
| 缺席原因 | | | | | |
| 活动内容 | 1）总结本周安全生产工作；<br>2）布置下周安全生产重点工作；<br>3）学习文件内容及摘要；<br>4）安全活动总结；<br>5）备注 | | | | |
| 记录类型 | | 记录人员 | | 记录时间 | |
| 参加人员签字 | | | | | |

## 1.3 档案资料管理标准化规范

### 1.3.1 业务概述

档案资料管理包括变电站各类生产资料的收集、整理、保管、鉴定、统计和提供利用等工作。档案资料应分类存放归档并定期检查。

### 1.3.2 业务流程

档案资料管理工作流程如图 1－3 所示。

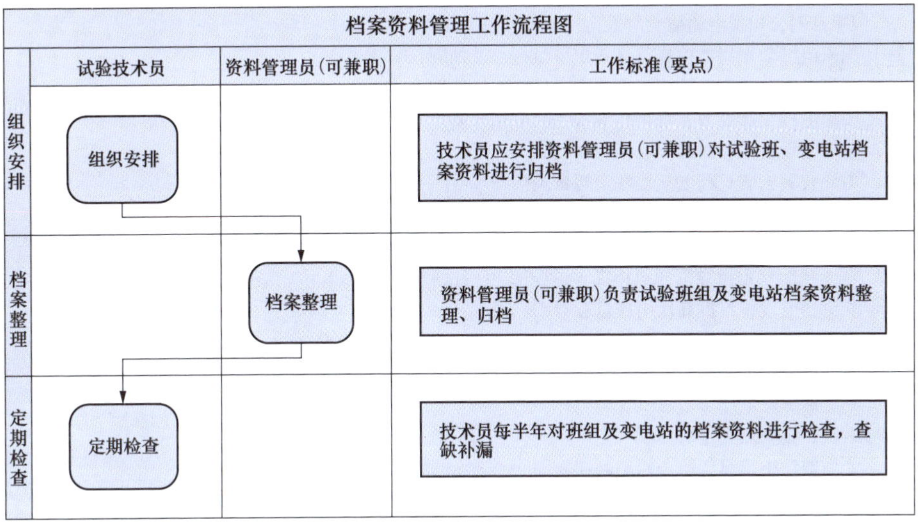


图 1－3　档案资料管理工作流程图

### 1.3.3 工作记录

档案资料检查记录模板见表 1－5。

**表 1－5　　档案资料检查记录**

| 序号 | 日期 | 班组名称 | 检查内容 | 问题说明 | 整改情况 | 班组检查人 |
|---|---|---|---|---|---|---|
| | | | | | | |
| | | | | | | |
| | | | | | | |
| | | | | | | |
| | | | | | | |

### 1.3.4 试验班应具备的资料目录

试验班应具备的资料目录见表1－6。

**表1－6 试验班应具备的资料目录**

| |
|---|
| （一）试验班应具备的标准、制度<br>1. 国家电网公司电网设备缺陷管理规定<br>2. 国家电网公司电网设备状态监测系统管理规定<br>3. 国家电网公司电网设备状态检修管理规定<br>4. 国家电网公司技术监督管理规定<br>5. 国家电网公司电力安全工器具管理规定<br>6. 国家电网公司运检装备配置使用管理规定<br>7. 国家电网公司变电运维管理规定（试行）及细则<br>8. 国家电网公司变电评价管理规定（试行）及细则<br>9. 国家电网公司变电验收管理规定（试行）及细则<br>10. 国家电网公司变电检修管理规定（试行）及细则<br>11. 国家电网公司变电检测管理规定（试行）及细则<br>12. 国家电网公司电力安全工作规程（变电部分）<br>13. 输变电设备状态检修试验规程<br>14. 电气装置安装工程电气设备交接试验标准<br>15. 国家电网公司十八项电网重大反事故措施（修订版）<br>16. 国家电网公司安全事故调查规程<br>17. 职业技能鉴定指导书职业标准·试题库 电气试验（第二版）<br>18. 交流变电设备不拆高压引线试验导则<br>19. 闪点的测定 宾斯基—马丁闭口杯法<br>20. 石油产品酸值测定法<br>21. 绝缘油击穿电压测定法<br>22. 石油产品凝点测定法<br>23. 变压器油中溶解气体分析和判断导则<br>24. 运行中变压器水溶性酸测定法<br>25. 运行中变压器水分含量测定法（库伦法）<br>26. 运行中变压器、汽轮机油水分测定法（气相色谱法）<br>27. 绝缘油中溶解气体组分含量的气相色谱测定法<br>28. 变压器油、汽轮机油酸值测定法（BTB法）<br>29. 绝缘油中含气量测定方法 真空压差法<br>30. 电力系统油质试验方法 绝缘油介电强度测量法<br>31. 电力用油中颗粒污染度测量方法<br>32. 绝缘油中含气量的测试方法（二氧化碳洗脱法）<br>33. 变压器油中溶解气体分析与判断导则<br>34. 油中颗粒数及尺寸分布测量方法（自动颗粒计数仪法）<br>35. 国家电网公司关于印发《交流高压开关设备技术监督导则》等11项技术标准的通知<br>36. “两票”管理规定 |
| （二）试验班应具备的所辖变电站设备档案资料<br>1. 现场作业卡<br>2. 历次试验原始记录<br>3. 验收、大修、诊断、带电检测试验报告（纸质存档）以及例行试验报告<br>4. 年（月）工作计划和总结 |

续表

| |
|---|
| 5. 试验室管理制度 |
| 6. 仪器仪表管理制度试验设备周期轮试表 |
| 7. 变电站一次系统图 |
| 8. 仪器仪表使用说明书 |
| 9. 仪器仪表设备台账 |
| 10. 仪器仪表校验记录 |
| 11. 仪器仪表检定证书 |
| 12. 仪器仪表维修记录 |
| 13. 安全工器具台账 |
| 14. 工作票统计表、登记表 |
| 15. 工作票签发人、工作许可人、工作负责人名单 |
| 16. 安全活动考勤表 |
| 17. 班组安全活动记录 |
| 18. 安全生产责任书 |
| 19. 安全工器具台账 |
| 20. 安全工器具试验报告 |
| 21. 安全工器具检查记录 |
| 22. 消防器材台账 |
| 23. 消防器材检查记录 |
| 24. 安全工器具管理办法 |
| 25. 安全工器具试验检测报告 |

## 1.4 试验装备管理标准化规范

### 1.4.1 业务概述

试验大厅（库房）物品管理包括试验仪器装备、安全工器具和试验专业易耗品管理。试验仪器装备、安全工器具和试验专业易耗品存放的环境温度、湿度应满足存放保管要求，摆放应整齐。设备上易损伤、易丢失的重要零部件、材料均应单独保管，并应注意编号，避免混淆和丢失。应对照台账进行检查，并填写检查记录。

### 1.4.2 业务流程

试验大厅（库房）物品管理工作流程如图 1－4 所示。

### 1.4.3 工作记录

（1）试验仪器装备及工器具台账记录模板见表 1－7。

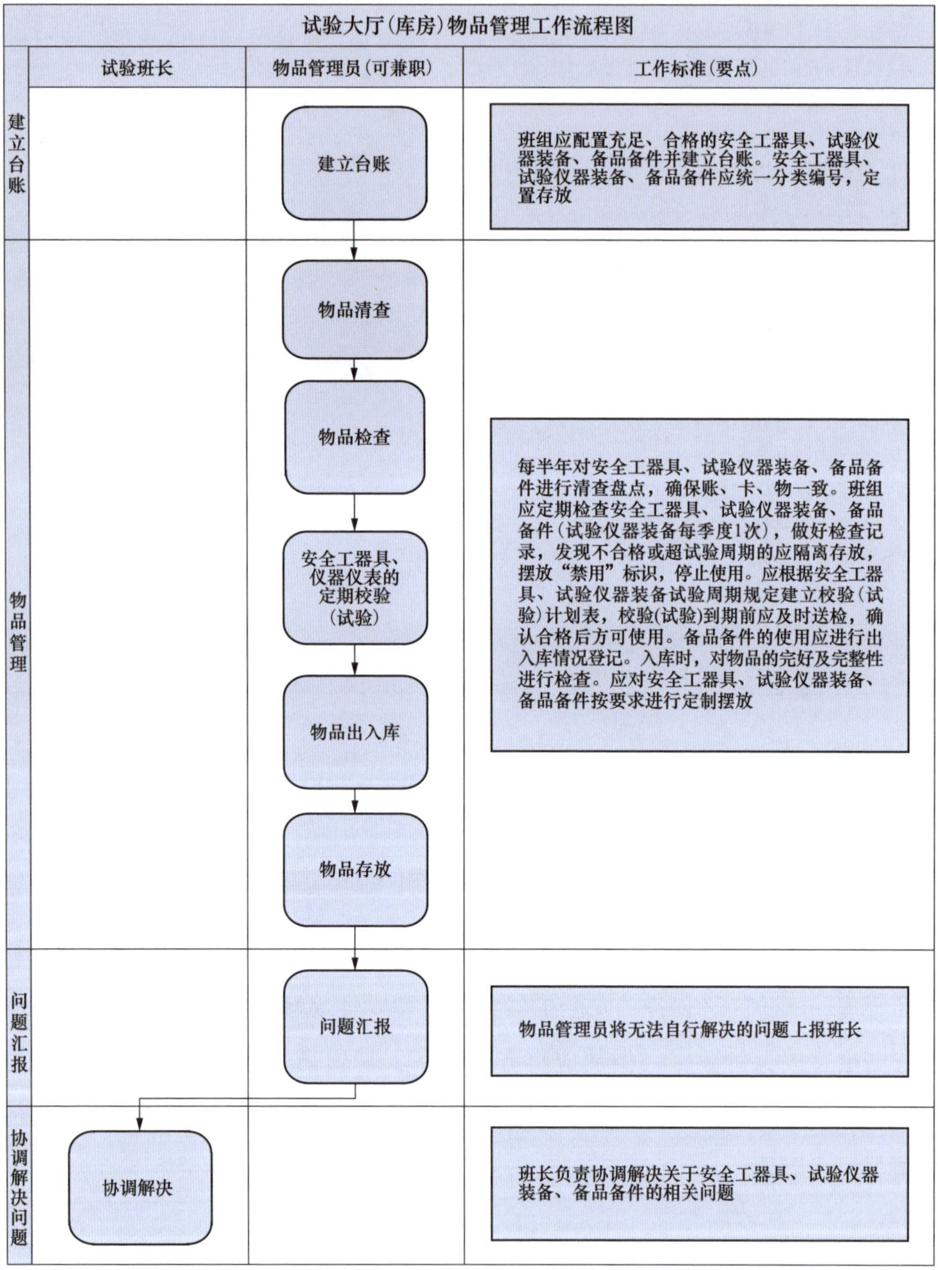


图 1－4　试验大厅（库房）物品管理工作流程图

表 1 - 7　　试验仪器装备及工器具台账记录

| 序号 | 名称 | 规格型号 | 编号 | 生产厂家 | 出厂日期 |
|---|---|---|---|---|---|
| | | | | | |
| | | | | | |
| | | | | | |
| | | | | | |
| | | | | | |
| | | | | | |
| | | | | | |

（2）安全工器具试验计划表模板见表 1 - 8。

表 1 - 8　　安全工器具试验计划表

单位：　　　　变电站名称 ：××变电站

| 序号 | 工器具名称 | 编号 | 规格型号 | 出厂日期 | 上次试验日期 | 试验周期 | 下次试验日期 |
|---|---|---|---|---|---|---|---|
| | | | | | | | |
| | | | | | | | |
| | | | | | | | |
| | | | | | | | |
| | | | | | | | |
| | | | | | | | |
| | | | | | | | |
| | | | | | | | |
| | | | | | | | |

（3）试验仪器装备借用记录模板见表 1 - 9。

表 1 - 9　　试验仪器装备借用记录

| 序号 | 名称 | 规格型号 | 用途 | 数量 | 单位 | 领用人 | 领用日期 | 归还日期 |
|---|---|---|---|---|---|---|---|---|
| | | | | | | | | |
| | | | | | | | | |
| | | | | | | | | |
| | | | | | | | | |
| | | | | | | | | |

(4) 备品备件台账记录模板见表 1－10。

**表 1－10　　××班（站）备品备件台账记录**

| 序号 | 名称 | 规格型号 | 生产厂家 | 数量 | 单位 | 存放位置 |
|---|---|---|---|---|---|---|
| | | | | | | |
| | | | | | | |
| | | | | | | |
| | | | | | | |
| | | | | | | |

(5) 备品备件使用记录模板见表 1－11。

**表 1－11　　××班（站）备品备件使用记录**

| 序号 | 名称 | 规格型号 | 数量 | 单位 | 入库情况 | | | 出库情况 | | |
|---|---|---|---|---|---|---|---|---|---|---|
| | | | | | 补充数量 | 入库时间 | 责任人 | 领用数量 | 领用时间 | 领用人 |
| | | | | | | | | | | |
| | | | | | | | | | | |
| | | | | | | | | | | |
| | | | | | | | | | | |
| | | | | | | | | | | |

(6) 备品备件检查记录模板见表 1－12。

**表 1－12　　××班（站）备品备件检查记录**

| 序号 | 日期 | 名称 | 型号 | 数量 | 检查情况 | 班组检查人 | 备　注 |
|---|---|---|---|---|---|---|---|
| | | | | | | | |
| | | | | | | | |
| | | | | | | | |
| | | | | | | | |
| | | | | | | | |

(7) 安全工器具检查记录模板见表 1－13。

表 1-13　　安全工器具检查记录

| 序号 | 名称 | 1月 | 2月 | 3月 | 4月 | 5月 | 6月 | 7月 | 8月 | 9月 | 10月 | 11月 | 12月 |
|---|---|---|---|---|---|---|---|---|---|---|---|---|---|
| | | | | | | | | | | | | | |
| | | | | | | | | | | | | | |
| | | | | | | | | | | | | | |
| | | | | | | | | | | | | | |
| | | | | | | | | | | | | | |
| 签名 | | | | | | | | | | | | | |

**注**　检查人在每月对应位置填写检查情况，如无问题打“√”。

（8）安全工器具台账记录模板见表 1-14。

表 1-14　　安全工器具台账

| 序号 | 名称 | 规格型号 | 编号 | 试验周期 | 生产厂家 | 出厂日期 | 备注 |
|---|---|---|---|---|---|---|---|
| | | | | | | | |
| | | | | | | | |
| | | | | | | | |
| | | | | | | | |
| | | | | | | | |

### 1.4.4　试验（检测）仪器校验周期

试验（检测）仪器校验周期见表 1-15。

表 1-15　　试验（检测）仪器校验周期

| 序号 | 仪器名称 | 规格 | 校验/比对周期 |
|---|---|---|---|
| 1 | 红外成像测温仪 | | 2年 |
| 2 | 红外成像测温仪 | 精确测温 | 2年 |
| 3 | $SF_6$检漏仪 | 定量 | 1年 |
| 4 | $SF_6$成像检漏仪 | 红外技术 | 1年 |
| 5 | 紫外线成像仪 | | 2年 |
| 6 | 高频局部放电仪 | | 2年 |
| 7 | 局部放电测试装置 | 35kV及以下互感器 | 2年 |
| 8 | 变压器局部放电成套装置 | 110kV变压器 | 2年 |
| 9 | 变压器超高频局部放电检测仪 | | 2年 |
| 10 | GIS（气体绝缘全封闭组合电器）超声波局部放电测试仪 | | 2年 |
| 11 | GIS超高频局部放电测试仪 | | 2年 |

续表

| 序号 | 仪器名称 | 规格 | 校验/比对周期 |
|---|---|---|---|
| 12 | 开关柜超声波局部放电测试仪 | | 2年 |
| 13 | 暂态地电压检测仪 | | 2年 |
| 14 | 暂态地电压检测定位仪 | | 2年 |
| 15 | 相对介损及电容检测仪 | | 2年 |
| 16 | 铁心接地电流检测仪 | | 2年 |
| 17 | 避雷器带电测试仪 | | 1年 |
| 18 | $SF_6$气体湿度测试仪 | | 1年 |
| 19 | $SF_6$气体分解物测试仪 | | 1年 |
| 20 | $SF_6$气体纯度测试仪 | | 1年 |
| 21 | 便携式示波器 | | 2年 |
| 22 | 噪声测试仪 | 变压器、GIS、开关柜等噪声测试 | 2年 |
| 23 | 机械振动测试仪 | 具备分析功能，变压器GIS、开关柜振动测试 | 2年 |
| 24 | 轻便高倍望远镜 | | 2年 |
| 25 | 钳形电流表 | | 2年 |
| 26 | 相序表 | | 2年 |
| 27 | 数字式绝缘电阻表 | 2500V及以下 | 1年 |
| 28 | 直流电源 | 0～220V | 1年 |
| 29 | 测控装置交流采样测试仪 | | 1年 |
| 30 | 大电流发生器 | 三相 | 1年 |
| 31 | 多功能相位钳形表 | | 1年 |
| 32 | 选频表/振荡器 | | 1年 |
| 33 | 数字式绝缘电阻表 | 5000V及以下 | 1年 |
| 34 | 直流空气断路器特性测试仪 | | 1年 |
| 35 | 数字式钳形直流电流表 | ≥0.5级 | 1年 |
| 36 | 密度继电器校验装置 | | 1年 |
| 37 | 钳形电流表校验装置 | | 1年 |
| 38 | 多功能产品校准器 | | 1年 |
| 39 | 高精度数字多功能表 | | 1年 |
| 40 | 直流电桥检定装置 | | 1年 |
| 41 | 介质损耗测试仪 | | 1年 |
| 42 | 高电压介质损耗测试仪 | | 1年 |

续表

| 序号 | 仪器名称 | 规格 | 校验/比对周期 |
|---|---|---|---|
| 43 | 高压直流发生器 | 适用35kV及以下 | 1年 |
| 44 | 高压直流发生器 | 适用110～220kV | 1年 |
| 45 | 高压直流发生器 | 适用330kV及以上 | 1年 |
| 46 | 高压电容分压器 | | 1年 |
| 47 | 高压标准电容器 | | 1年 |
| 48 | 串谐耐压成套装置 | 35kV及以下电缆 | 1年 |
| 49 | 串谐耐压成套装置 | 220kV互感器、变压器 | 1年 |
| 50 | 串谐耐压成套装置 | 110kV及以下<br>3km电缆 | 1年 |
| 51 | 串谐耐压成套装置 | 500kV互感器、变压器 | 1年 |
| 52 | 串谐耐压成套装置 | 1000kV（750kV）<br>互感器、变压器 | 1年 |
| 53 | 串谐耐压成套装置 | 220kV及以下<br>3km电缆 | 1年 |
| 54 | 串谐耐压成套装置 | 500kV及以下<br>3km电缆 | 1年 |
| 55 | 交流耐压成套装置 | 3kVA/6kVA/50kVA | 1年 |
| 56 | 保护球隙 | | 1年 |
| 57 | 电缆外护层接地电流检测仪 | | 1年 |
| 58 | 变压器直流电阻测试仪 | | 1年 |
| 59 | 变压器绕组变形测试 | | 1年 |
| 60 | 变压器短路阻抗测试仪 | | 1年 |
| 61 | 变压器有载分接开关测试仪 | | 1年 |
| 62 | 变压器变比测试仪 | | 1年 |
| 63 | 变压器直流偏磁水平测试仪 | | 1年 |
| 64 | 电容式电压互感器变比测试仪 | | 1年 |
| 65 | 互感器三倍频感应耐压装置 | | 1年 |
| 66 | 避雷器带电测试仪 | | 1年 |
| 67 | 回路电阻测试仪 | | 1年 |
| 68 | 断路器特性测试仪 | | 1年 |
| 69 | 绝缘电阻表 | 5000V/2500V/1000V | 1年 |
| 70 | 接地导通测试仪 | 直流20A | 1年 |
| 71 | 接地阻抗测试仪 | | 1年 |

续表

| 序号 | 仪器名称 | 规格 | 校验/比对周期 |
| --- | --- | --- | --- |
| 72 | 隔离变压器 | | 1年 |
| 73 | 一次核相器 | | 1年 |
| 74 | 互感器特性测量仪 | | 1年 |
| 75 | 电子式互感器检验装置 | | 1年 |
| 76 | 电容电流测试仪 | | 1年 |
| 77 | 电容电感测试仪 | | 1年 |
| 78 | 伏安特性测试仪 | | 1年 |
| 79 | 气相色谱成套装置 | | 1年 |
| 80 | 便携式气相色谱仪 | | 1年 |
| 81 | 绝缘油耐压测试仪 | | 1年 |
| 82 | 绝缘油介质损耗测试仪 | | 1年 |
| 83 | 绝缘油微水测试仪 | | 1年 |
| 84 | 绝缘油酸值测试仪 | | 1年 |
| 85 | 绝缘油闪点仪 | | 1年 |
| 86 | 变压器油凝点试验测试仪 | | 1年 |
| 87 | 变压器油界面张力测试仪 | | 1年 |
| 88 | 绝缘油含气量测试仪 | | 1年 |
| 89 | 绝缘油抗氧化剂测试仪 | | 1年 |
| 90 | 绝缘油运动黏度仪 | | 1年 |
| 91 | 绝缘油金属微粒测试仪 | | 1年 |
| 92 | 绝缘油油泥析出试验测试仪 | | 1年 |
| 93 | 体积电阻测定仪 | | 1年 |
| 94 | 气体继电器校验装置 | | 1年 |
| 95 | 压力释放阀校验装置 | | 1年 |
| 96 | 真空度测试仪 | | 1年 |
| 97 | 放电计数器与电流检测表校验装置 | | 1年 |

# 2 设备评价标准化规范

## 2.1 精益化管理评价标准化规范

### 2.1.1 业务概述

精益化管理评价是对变电设备验收、运维、检测、检修、反措执行及运检管理进行全面检查评价，目的是全方位查找设备和运检管理薄弱环节，不断提升变电精益化管理水平和设备运行可靠性。精益化管理评价范围包括变电设备评价和变电运检管理评价。变电设备评价范围包括油浸式变压器（电抗器）、断路器、GIS、隔离开关、开关柜、电流互感器、电压互感器、避雷器、并联电容器组、干式电抗器、串联补偿装置、母线及绝缘子、穿墙套管、电力电缆、消弧线圈、高频阻波器、耦合电容器、高压熔断器、中性点隔直装置、接地装置、站用变压器、避雷针等22类设备。变电运检管理评价内容是变电五项通用制度规定的落实应用情况，包括组织工作、变电验收、变电运维、变电检测、变电评价和变电检修等六部分。

依据《国家电网公司变电评价管理规定（试行）》及细则，对新安装的变电设备开展精益化管理工作，新投运的变电设备，交接验收前完成变电设备精益化评价工作，按照零缺陷投运要求，精益化管理评价问题及缺陷应在投运前整改完毕。

各单位应按照精益化管理评价细则，配合运维专业于每年8月前完成变电站设备逐台（相）自评价及评价档案建立工作。对评价中发现的问题要制订整改措施，落实责任人和整改期限，暂时无法整改的要制订预控措施，确保风险可控、在控、能控；需停电整改的问题，应列入年度检修工作计划；需落实资金整改的问题，应列入下一年度生产工程储备项目。

精益化管理评价由运维、检修、试验三个专业联合开展，由运维专业进行评价汇总。

### 2.1.2 业务流程

精益化管理评价工作流程如图 2-1 所示。

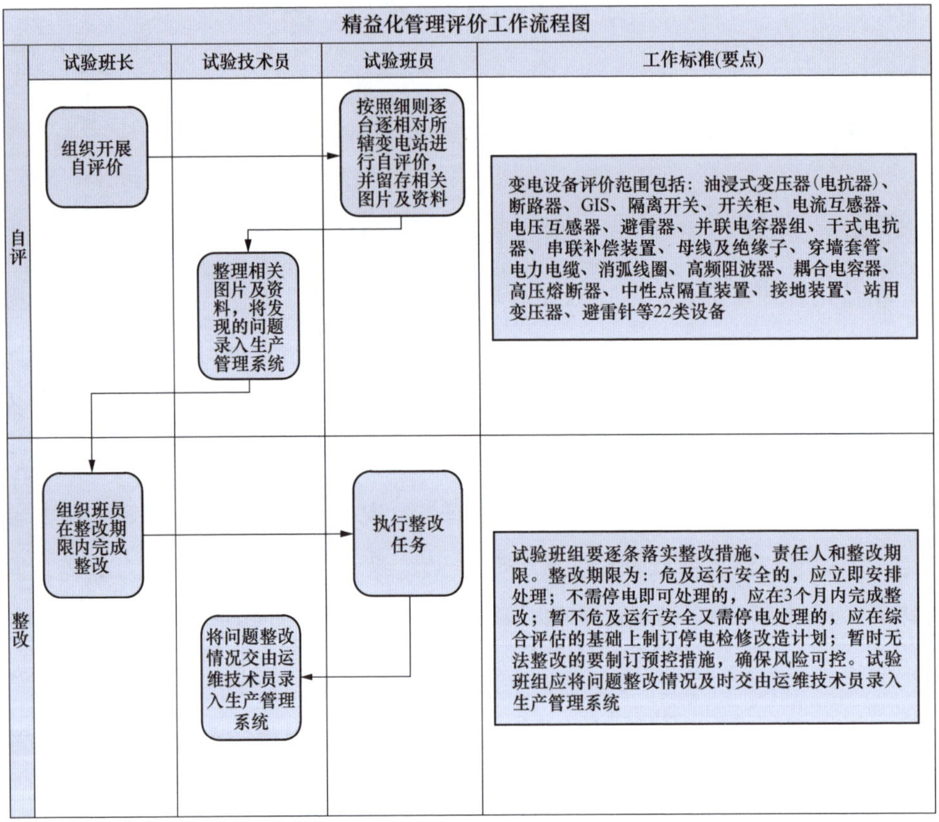


图 2-1 精益化管理评价工作流程图

### 2.1.3 工作记录

(1) 精益化管理评价自查汇总表模板见表 2-1。

(2) 交流变电站精益化管理评价整改情况统计表模板见表 2-2。

### 2.1.4 精益化管理评价指导卡

按照《国家电网公司变电评价管理规定（试行）》［国网（运检/3）830—2017］及细则执行，以油浸式变压器（电抗器）设备为例，模板见表 2-3。

表 2-1　　××公司精益化管理评价自查汇总表

| 公司名称 | 变电站名称 | 变电站电压等级（kV） | 发现的问题数量 | 已整改的问题数量 |
|---|---|---|---|---|
| | | | | |
| | | | | |
| | | | | |
| | | | | |
| | | | | |
| | | | | |
| | | | | |
| | | | | |
| | | | | |
| | | | | |

填写说明：1. 本表中问题数量应与自查问题明细表数量一致。

2. 变电站电压等级直接填写数据，不用填写单位。如填写：500。

表 2－2

**交流变电站精益化管理评价整改情况统计表**

| 序号 | 变电站名称 | 油浸式变压器（电抗器） | | 断路器 | | GIS | | 隔离开关 | | 开关柜 | | 电流互感器 | | 电压互感器 | | 避雷器 | | 并联电容器组 | | 干式并联电抗器 | |
|---|---|---|---|---|---|---|---|---|---|---|---|---|---|---|---|---|---|---|---|---|---|
| | | 发现问题数量 | 已整改数量 | 发现问题数量 | 已整改数量 | 发现问题数量 | 已整改数量 | 发现问题数量 | 已整改数量 | 发现问题数量 | 已整改数量 | 发现问题数量 | 已整改数量 | 发现问题数量 | 已整改数量 | 发现问题数量 | 已整改数量 | 发现问题数量 | 已整改数量 | 发现问题数量 | 已整改数量 |
| | | | | | | | | | | | | | | | | | | | | | |
| | | | | | | | | | | | | | | | | | | | | | |
| | | | | | | | | | | | | | | | | | | | | | |
| | | | | | | | | | | | | | | | | | | | | | |
| | | | | | | | | | | | | | | | | | | | | | |
| | | | | | | | | | | | | | | | | | | | | | |
| | | | | | | | | | | | | | | | | | | | | | |
| | | | | | | | | | | | | | | | | | | | | | |
| | | | | | | | | | | | | | | | | | | | | | |
| 合计 | | | | | | | | | | | | | | | | | | | | | |
| 总体整改率及未整改原因 | | | | | | | | | | | | | | | | | | | | | |

| 序号 | 变电站名称 | 串联补偿装置 | | 母线及绝缘子 | | 穿墙套管 | | 电力电缆 | | 消弧线圈 | | 高频阻波器 | | 耦合电容器 | | 高压熔断器 | | 中性点隔直装置 | | 接地装置 | |
|---|---|---|---|---|---|---|---|---|---|---|---|---|---|---|---|---|---|---|---|---|---|
| | | 发现问题数量 | 已整改数量 | 发现问题数量 | 已整改数量 | 发现问题数量 | 已整改数量 | 发现问题数量 | 已整改数量 | 发现问题数量 | 已整改数量 | 发现问题数量 | 已整改数量 | 发现问题数量 | 已整改数量 | 发现问题数量 | 已整改数量 | 发现问题数量 | 已整改数量 | 发现问题数量 | 已整改数量 |
| | | | | | | | | | | | | | | | | | | | | | |
| | | | | | | | | | | | | | | | | | | | | | |
| | | | | | | | | | | | | | | | | | | | | | |
| | | | | | | | | | | | | | | | | | | | | | |
| | | | | | | | | | | | | | | | | | | | | | |
| | | | | | | | | | | | | | | | | | | | | | |
| | | | | | | | | | | | | | | | | | | | | | |
| | | | | | | | | | | | | | | | | | | | | | |
| | | | | | | | | | | | | | | | | | | | | | |
| 合计 | | | | | | | | | | | | | | | | | | | | | |
| 总体整改率及未整改原因 | | | | | | | | | | | | | | | | | | | | | |

| 序号 | 变电站名称 | 端子箱及检修电源箱 | | 站用变压器 | | 站用交流电源系统 | | 站用直流电源系统 | | 构支架 | | 辅助设施 | | 土建设施 | | 避雷针 | | 变电站运维管理 | |
|---|---|---|---|---|---|---|---|---|---|---|---|---|---|---|---|---|---|---|---|
| | | 发现问题数量 | 已整改数量 | 发现问题数量 | 已整改数量 | 发现问题数量 | 已整改数量 | 发现问题数量 | 已整改数量 | 发现问题数量 | 已整改数量 | 发现问题数量 | 已整改数量 | 发现问题数量 | 已整改数量 | 发现问题数量 | 已整改数量 | 发现问题数量 | 已整改数量 |
| | | | | | | | | | | | | | | | | | | | |
| | | | | | | | | | | | | | | | | | | | |
| | | | | | | | | | | | | | | | | | | | |
| | | | | | | | | | | | | | | | | | | | |
| | | | | | | | | | | | | | | | | | | | |
| | | | | | | | | | | | | | | | | | | | |
| | | | | | | | | | | | | | | | | | | | |
| | | | | | | | | | | | | | | | | | | | |
| | | | | | | | | | | | | | | | | | | | |
| 合计 | | | | | | | | | | | | | | | | | | | |
| 总体整改率及未整改原因 | | | | | | | | | | | | | | | | | | | |

**注** 此表为运维专业汇总版，端子箱及检修电源箱、站用交流电源系统、站用直流电源系统、构支架、辅助设施、土建设施和变电站运维管理等 7 个部分由运维专业负责评价。

表 2-3　　油浸式变压器（电抗器）精益化管理评价指导卡

| | | | | |
|---|---|---|---|---|
| 变压器主要信息 | 变电站名称 | | 生产日期 | |
| | 运行编号 | | 投运日期 | |
| | 制造厂家 | | 冷却方式 | |
| | 设备型号 | | 调压方式 | |
| 得分（总分 100 分） | | | 评分日期及签字 | |

| 序号 | 评判项目 | 评判小项 | 检查方式 | 检查结果 | 扣分原则 | 扣分值 |
|---|---|---|---|---|---|---|
| 一、技术资料（共计 5 分，扣完为止） | | | | | 累计扣分： | |
| 1 | 安装投运技术文件 | 采购技术协议或技术规范书 | PMS 检查或查阅资料（正式文件扫描版或复印版均可，试验项目按照设备出厂、投运时的相关标准执行） | □有　□没有 | 1）没有资料的，扣 0.1 分；<br>2）有资料的，但项目不齐全、不规范或内容错误的，发现 1 次扣 0.01 分，最多扣 0.05 分 | |
| | | 出厂试验报告 | | □有　□没有 | 1）没有资料的，扣 0.2 分；<br>2）有资料的，但试验项目不齐全、试验项目不规范或内容错误的，发现 1 次扣 0.02 分，最多扣 0.1 分 | |
| | | 交接试验报告 | | □有　□没有 | 1）没有资料的，扣 0.5 分；<br>2）有资料的，但试验项目不齐全、不规范或内容错误的，发现 1 次扣 0.05 分，最多扣 0.25 分；<br>3）试验结果与出厂试验报告有明显差异，未开展分析或进行处理的，发现 1 次扣 2 分 | |

注　本书中的 PMS（production management system）是指生产管理系统。具备 PMS 的电力企业可将工作记录录入 PMS，工作记录模板可用于现场记录。不具备 PMS 的供电企业可参考本书中的工作记录模板。

续表

| 序号 | 评判项目 | 评判小项 | 检查方式 | 检查结果 | 扣分原则 | 扣分值 |
|---|---|---|---|---|---|---|
| 1 | 安装投运技术文件 | 运输记录 | 查阅资料（正式文件扫描版和复印版均可，试验项目按照设备出厂、投运时的相关标准执行） | □有 □没有 | 1）没有记录的，扣0.1分；<br>2）有记录的，但记录内容不齐全、不规范或内容错误的，发现1次扣0.01分，最多扣0.05分 | |
| | | 安装时器身检查记录 | | □有 □没有 | 1）没有记录的，扣0.1分；<br>2）有记录的，但记录内容不齐全、不规范或内容错误的，发现1次扣0.01分，最多扣0.05分 | |
| | | 安装调试质量监督检查报告 | | □有 □没有 | 1）没有检查报告的，扣0.1分；<br>2）有报告的，但报告不齐全、不规范或内容错误的，发现1次扣0.01分，最多扣0.05分 | |
| | | 设备监造报告 | 查阅资料（正式文件扫描版或复印版均可，2007年之后出厂的220kV及以上设备） | □有 □没有 | 1）没有监造报告的，扣0.2分；<br>2）有报告的，但项目不齐全、不规范或内容错误的，发现1次扣0.02分，最多扣0.1分 | |
| 2 | 检修技术文件 | 设备评价报告 | PMS检查或查阅资料（近3年的定期和动态评价报告） | □有 □没有 | 1）没有评价报告的，扣0.5分；<br>2）有评价报告的，但报告不全、不规范或错误的，发现1次扣0.05分，最多扣0.25分 | |

续表

| 序号 | 评判项目 | 评判小项 | 检查方式 | 检查结果 | 扣分原则 | 扣分值 |
| --- | --- | --- | --- | --- | --- | --- |
| 2 | 检修技术文件 | 检修记录 | PMS检查或查阅资料（最近1次停电检修记录和最近1年的日常检修记录） | □有 □没有 | 1）没有资料、记录的，扣0.5分；<br>2）有资料、记录的，但资料不全、记录不规范或错误的，发现1次扣0.05分，最多扣0.25分 | |
| | | 履历卡片 | PMS检查 | □有 □没有 | 1）没有资料的，扣0.5分；<br>2）有资料的，但资料不全、不规范或错误的，发现1次扣0.05分，最多扣0.25分 | |
| 3 | 技术档案 | 竣工图纸 | 查阅资料 | □有 □没有 | 1）没有资料的，扣0.2分；<br>2）有资料的，但项目不齐全、不规范或内容错误的，发现1次扣0.02分，最多扣0.1分 | |
| | | 设备使用说明书 | | □有 □没有 | 1）没有资料的，扣0.2分；<br>2）有资料的，但项目不齐全，发现1次扣0.02分，最多扣0.1分 | |
| | | 停电例行试验报告 | PMS检查（最近1次停电例行试验报告） | □有 □没有 | 1）没试验报告的，扣0.5分；<br>2）有试验报告的，但试验项目不齐全、不规范或内容错误的，发现1次扣0.05分，最多扣0.25分 | |
| | | 带电检测报告 | PMS检查（近1年带电检测试验报告，包括红外测温、铁心接地电流和油中气体组分试验） | □有 □没有 | 1）没有记录的，扣0.5分；<br>2）有记录的，但检测记录不齐全，未按周期开展检测的，发现一次扣0.1分，最多扣0.5分；<br>3）检测记录不规范或内容错误的，发现1次扣0.01分，最多扣0.2分 | |

续表

| 序号 | 评判项目 | 评判小项 | 检查方式 | 检查结果 | 扣分原则 | 扣分值 |
|---|---|---|---|---|---|---|
| 3 | 技术档案 | 变压器本体非电量保护校验记录 | 查阅资料（出厂时进行的气体继电器、油流继电器、压力继电器、突发压力继电器、压力释放阀、温度计校验报告；交接时进行的气体继电器、压力释放阀、温度计校验报告；按规定周期进行的温度计校验报告） | □有　□没有 | 1）没有资料的，扣 0.5 分；<br>2）有资料的，但校验记录不齐全、不规范或内容错误的，未按周期进行校验的，发现 1 次扣 0.05 分，最多扣 0.25 分 | |
| | | 变压器故障跳闸记录 | PMS 检查 | □有　□没有 | 项目不齐全、不规范或内容错误的，发现 1 次扣 0.05 分，最多扣 0.25 分 | |
| | | 建立红外图谱库 | PMS 检查或查阅资料（核查近 3 年图谱库，每年至少建立 1 次，应明确测试时间、设备名称、运行编号、负荷情况、环境条件，检测部位应包括本体、套管、储油柜、引线接头） | □有　□没有 | 1）未建立图谱库的扣 0.5 分；<br>2）建立图谱库的，资料不齐全或检测部位不完整的，缺少 1 项扣 0.05 分，最多扣 0.25 分（完整性由 2015 年开始检查） | |

续表

| 序号 | 评判项目 | 评判小项 | 检查方式 | 检查结果 | 扣分原则 | 扣分值 |
| --- | --- | --- | --- | --- | --- | --- |
| 4 | 台账 | 设备基本信息 | PMS 检查 | □有　□没有 | 必填项参数空缺或错误，发现 1 次扣 0.05 分，最多扣 1 分 | |
| 二、本体（共计 40 分，扣完为止） | | | | | 累计扣分： | |
| 5 | 外观 | 设备出厂铭牌齐全、清晰可识别 | 现场检查（包括 110kV 及以上本体“油温—油位”曲线） | □是　□否 | 1）无设备出厂铭牌的，扣 0.5 分；<br>2）铭牌锈蚀或不清晰程度超过 1/3 的，扣 0.2 分；<br>3）铭牌安装部位不合理，现场无法准确查看的，扣 0.2 分 | |
| | | 运行编号标志清晰、正确可识别 | 现场检查（包括散热器编号） | □是　□否 | 1）无运行编号及设备双重编号不完整、无法正确识别的，扣 0.5 分；<br>2）运行编号标志不清晰程度超过 1/3 的，扣 0.2 分 | |
| | | 相序标志清晰、正确可识别 | 现场检查 | □是　□否 | 1）相序标志无法正确识别的，扣 0.5 分；<br>2）相序标志不清晰程度超过 1/3 的，扣 0.2 分 | |
| 6 | 铁心及夹件绝缘　绝缘电阻 | 应根据评价结果按时进行试验 | 查阅资料 | □是　□否 | 未按照《输变电设备状态检修试验规程》按期进行试验的，发现 1 次扣 1.5 分 | |
| | | 应不小于 100MΩ（新投运时为 1000MΩ） | | □是　□否<br>电阻值：________ MΩ | 试验数据不符合要求的，扣 3 分 | |

续表

| 序号 | 评判项目 | | 评判小项 | 检查方式 | 检查结果 | 扣分原则 | 扣分值 |
|---|---|---|---|---|---|---|---|
| 6 | 铁心及夹件绝缘 | 接地电流 | 铁心及夹件应分别引出，运行中应能测量 | 现场检查及查阅资料 | □是 □否 | 1）铁心或夹件电流无法测量的，扣3分；<br>2）铁心及夹件未分别引出的，扣1.5分 | |
| | | | 应不大于100mA（750kV及以下）；<br>应不大于300mA（1000kV） | | □是 □否<br>电流值：________ mA | 铁心接地电流超过注意值时，扣3分 | |
| | | | 铁心及夹件引出线应分别标识 | | □是 □否 | 引出线未分别进行标识的，扣1.5分 | |
| 7 | 温度计 | | 温度计指示结果 | 现场检查及查阅资料（包括绕组和油面温度计） | □是 □否<br>绕组表盘：________<br>绕组后台：________<br>油温表盘：________<br>油温后台：________<br>误差值：________ | 现场温度计指示、控制室温度显示装置、监控系统显示的温度应基本保持一致，最大误差不超过5K，绕组温度不应低于油温。不符合要求的，发现1次扣1.5分 | |
| | | | 相间温差 | | □是 □否<br>温差：________ | 对于单相变压器，同组设备不同相别温度差应小于10K。不符合要求的，扣1.5分 | |
| | | | 温度计引出线固定 | | □是 □否 | 温度计引出线固定良好，绕线盘半径不小于50mm。不符合要求的，发现1次扣1.5分 | |
| | | | 防雨措施（boxin隔声罩和户内除外） | | □是 □否 | 加装防雨罩，本体及二次电缆进线50mm应被遮蔽，向下45°的雨水不能直淋。不符合要求的，扣1.5分 | |

续表

| 序号 | 评判项目 | 评判小项 | 检查方式 | 检查结果 | 扣分原则 | 扣分值 |
|---|---|---|---|---|---|---|
| 7 | 温度计 | 温度计表盘指示 | 现场检查及查阅资料（包括绕组和油面温度计） | □是 □否 | 温度计指示清晰，无进水现象，历史最高温度指示正确，表盘定值位置与定值单整定基本一致。不符合要求的，发现1次扣1.5分 | |
| | | 温度记录 | | □是 □否 | 按照两周1次记录温度、对应负荷和环境温度。不符合要求的，扣1.5分 | |
| 8 | 储油柜 | 油位指示应符合“油温—油位”曲线 | 现场检查 | □是 □否<br>油位：________<br>油温：________<br>“曲线”油位：________ | 供应商有标准时，按标准执行，无标准时按油位应在标准曲线－10%～10%范围内，不符合要求的，扣1.5分 | |
| | | 油位计内部无油垢，油位清晰可见，可在运行中就地读取 | | □是 □否 | 油位计观察窗无法清晰识别。不符合要求的，扣1.5分 | |
| 9 | 吸湿器 | 玻璃罩杯油封完好，能起到长期呼吸作用 | 现场检查 | □是 □否 | 玻璃罩杯无破损，密封完好无进水，呼或吸状态下，内油面或外油面应高于呼吸管口，油杯内油位不应过高。不符合要求的，扣1.5分 | |
| | | 使用变色吸湿剂，罐装至顶部1/6～1/5处，受潮吸湿剂不超过2/3 | | □是 □否 | 1）未使用变色吸湿剂的，扣1.5分；<br>2）吸湿剂剂量不符合规定的，扣1分 | |
| | | 吸湿剂上部不应被油浸润，无碎裂、粉化现象 | | □是 □否 | 不符合要求的，扣1.5分 | |

续表

| 序号 | 评判项目 | 评判小项 | 检查方式 | 检查结果 | 扣分原则 | 扣分值 |
|---|---|---|---|---|---|---|
| 9 | 吸湿器 | 连通管应整体清洁、无堵塞、无锈蚀，与油枕旁通阀门位置应正确 | 现场检查 | □是 □否 | 不符合要求的，扣 1.5 分 | |
| | | 免维护吸湿器电源应完好，加热器工作正常启动定值小于 RH60%（温度值）或按厂家规定 | | □是 □否 | 不符合要求的，扣 1.5 分 | |
| 10 | 阀门 | 阀门必须根据实际需要，处在关闭和开启位置 | 现场检查 | □是 □否 | 不符合要求的，发现 1 次扣 1.5 分 | |
| | | 指示开闭位置的标志清晰正确 | | □是 □否 | 不符合要求的，扣 1.5 分 | |
| 11 | 噪声 | 运行中应无异常噪声 | 现场检查 | □是 □否 | 不符合要求的，发现 1 次扣 1.5 分 | |
| 12 | 锈蚀 | 本体及组件金属部位无明显锈蚀 | 现场检查 | □是 □否 | 1）锈蚀面积不应大于 $400mm^2$，发现 1 次扣 0.1 分；<br>2）螺栓锈蚀的，导电部位螺栓锈蚀，扣 0.1 分，非导电部位螺栓锈蚀，扣 0.02 分；<br>3）所有部位锈蚀，最多扣 0.5 分 | |
| 13 | 渗漏 | 本体及组件负压区无渗漏油 | 现场检查 | □是 □否 | 负压区包括潜油泵进油口、有载开关在线滤油装置油筒至油泵进油口、储油柜顶部、套管储油柜等接近或高于油面的区域等。不符合要求的，发现一处扣 3 分 | |
| | | 本体及组件正压区无渗漏油 | | □是 □否 | 1）不符合要求的，属于严重及以上缺陷的，发现一处扣 2 分；<br>2）属于一般缺陷的，发现一处扣 1 分 | |

续表

| 序号 | 评判项目 | | 评判小项 | 检查方式 | 检查结果 | 扣分原则 | 扣分值 |
|---|---|---|---|---|---|---|---|
| 14 | 本体端子箱 | | 控制线电缆芯无外露，如采用多芯软铜线，应压接绝缘接线柱 | 现场检查 | □是 □否 | 不符合要求的，扣 1.5 分 | |
| | | | 端子箱箱体接地、箱内二次接地、箱门与箱体连接良好 | | □是 □否 | 1）未进行接地连接的，扣 1.5 分；<br>2）采用接地线不规范或接地部位不可靠、锈蚀的，扣 0.5 分 | |
| | | | 驱潮装置和加热升温装置工作正常，温度设定正确，按规定投退 | | □是 □否 | 不符合要求的，扣 1.5 分 | |
| | | | 箱门密封、内部封堵应良好，无进水、受潮、积灰现象，如使用荧光灯管门灯，应加装防护罩 | | □是 □否 | 不符合要求的，扣 1.5 分 | |
| 15 | 例行试验 | 试验周期 | 应根据评价结果按时进行试验 | 查阅资料 | □是 □否 | 未按照《输变电设备状态检修试验规程》按期进行试验的，发现 1 次扣 3 分 | |
| | | 直流电阻 | 1）1.6MVA 及以下容量等级三相变压器，各相测得值的相互差应小于平均值的 4%，线间测得值的相互差应小于平均值的 2%；<br>2）1.6MVA 及以上三相变压器，各相测得值的相互差应小于平均值的 2%，线间测得值的相互差应小于平均值的 1%；<br>3）同相初值值差不超过 2%（警示值） | 查阅资料（最近 1 次例行试验） | □是 □否<br>相间互差：______<br>同相值差：______ | 1）试验数据不符合要求的，发现 1 次扣 3 分；<br>2）对应容量 1.6MVA 以上，有中性点引出由于设计原因造成相间互差大于 2% 时，且原因说明清晰，不扣分；<br>3）对于因油温造成的相初值差超标的，采用纵横比分析后的差值作为判定依据 | |

续表

| 序号 | 评判项目 | | 评判小项 | 检查方式 | 检查结果 | 扣分原则 | 扣分值 |
|---|---|---|---|---|---|---|---|
| 15 | 例行试验 | 绝缘电阻 | 吸收比不小于 1.3 或极化指数不小于 1.5 或绝缘电阻不小于 10000MΩ | 查阅资料（最近 1 次例行试验） | □是 □否<br>绝缘电阻：________ MΩ<br>吸收比：________<br>极化指数：________ | 试验数据不符合要求的，发现 1 次扣 3 分 | |
| | | 绕组连同套管的介质损耗因数(20℃) | 应不大于 0.005（330kV 及以上）；<br>应不大于 0.008［110kV (66kV) ～220kV］；<br>应不大于 0.015（35kV 及以下） | | □是 □否<br>介质损耗因数值：______ | 试验数据不符合要求的，发现 1 次扣 3 分 | |
| | | 油中溶解气体分析 | 应满足：$H_2$ 值不大于 150μL/L | 查阅资料（最近 1 次例行试验） | □是 □否<br>$H_2$值：________μL/L | 试验数据不符合要求的，扣 3 分 | |
| | | | 应满足：$C_2H_2$ 值不大于 1μL/L（330kV 及以上）；<br>$C_2H_2$ 值不大于 5μL/L（其他） | | □是 □否<br>$C_2H_2$值：________μL/L | 试验数据不符合要求的，扣 4 分 | |
| | | | 应满足：总烃值不大于 150μL/L | | □是 □否<br>总烃值：________μL/L | 试验数据不符合要求的，扣 3 分 | |
| | | | 油中气体组分异常时应有相应的分析和措施 | | □是 □否 | 未进行分析及制订措施的，扣 4 分 | |
| | | 绝缘油例行试验 | 绝缘油例行试验无异常 | | □是 □否 | 试验数据不符合要求的，扣 4 分 | |

续表

| 序号 | 评判项目 | | 评判小项 | 检查方式 | 检查结果 | 扣分原则 | 扣分值 |
|---|---|---|---|---|---|---|---|
| 16 | 反措执行 | 防止变压器出口短路事故 | 全电缆线路不宜采用自动重合闸装置；对于含电缆的混合线路应采取相应的措施 | 现场检查 | □是 □否 | 不符合要求的，扣 6 分 | |
| | | | 低压短路电流不应超过断路器开断能力；当有并联运行要求的三绕组变压器的低压侧短路电流超出断路器开断电流时，应增设限流电抗器 | 现场检查及查阅资料 | □是 □否 | 不符合要求的，扣 6 分 | |
| | | | 主变压器中、低压侧短路跳闸后应开展油中溶解气体分析，结合停电进行绕组变形测试 | 查阅资料 | □是 □否 | 没有溶解气体分析及绕组变形测试的，发现 1 次扣 2 分，最高不得超过 6 分 | |
| | | | 为防止出口及近区短路，变压器 35kV 及以下低压母线、低压套管（含平衡绕组套管）端子应考虑绝缘化 | 现场检查 | □是 □否 | 不符合要求的，扣 6 分 | |
| | | 短路电流以及短路次数记录 | 短路记录（记录应包括持续时间、短路电流值、短路形式、短路点距离、短路原因、处理方式） | 查阅资料 | □有 □没有 | 短路记录内容不齐全、不规范的，发现 1 次扣 2 分，最高不得超过 6 分 | |
| | | 短路校核 | 抗短路能力计算或校核报告 | | □有 □没有 | 没有抗短路能力计算或校核报告的，扣 6 分 | |

续表

| 序号 | 评判项目 | | 评判小项 | 检查方式 | 检查结果 | 扣分原则 | 扣分值 |
|---|---|---|---|---|---|---|---|
| 16 | 反措执行 | 超额定电流运行 | 最大负荷统计（日期、持续时间、电流值） | 查阅资料 | □有 □没有 | 记录内容不齐全、不规范的，发现 1 次扣 2 分，最高不得超过 6 分 | |
| | | 绕组变形测试 | 绕组频率响应测试和低电压短路阻抗测试记录 | | □有 □没有 | 110（66）kV 及以上变压器在出厂和投产前，应有绕组频响法测试记录；2013 年之后投运的 110kV 及以上电压等级变压器在出厂和交接时应进行频响法和低电压阻抗法试验；2013 年之前投运的应结合停电补充低电压阻抗试验。不符合要求的，扣 6 分 | |
| | | 局部放电试验考核 | 220kV 及以上电压等级变压器套管拆装或变压器进人后，应进行现场局部放电试验 | | □有 □没有 | 不符合要求的，发现 1 次扣 6 分 | |
| 17 | 设备缺陷情况 | | 评价人员新发现本体和组件严重及以上缺陷 | 现场检查并进行 PMS 核查录入（不含本细则已列条款及 PMS 已填报缺陷） | □有 □没有 | 不符合要求的，发现 1 次扣 3 分 | |
| 三、套管（共计 20 分，扣完为止） | | | | | | 累计扣分： | |
| 18 | 外观 | | 油位指示 | 现场检查 | □是 □否 | 油位或气体压力正常，油位计或压力计就地指示应清晰，便于观察，油套管垂直安装油位在 1/2 以上（非满油位），倾斜 15°安装应高于 2/3 至满油位。不符合要求的，发现 1 次扣 1.5 分 | |

续表

| 序号 | 评判项目 | 评判小项 | 检查方式 | 检查结果 | 扣分原则 | 扣分值 |
|---|---|---|---|---|---|---|
| 18 | 外观 | 绝缘子无碰损和开裂，法兰无开裂，单个缺釉不大于 $25mm^2$，釉面杂质总面不超过 $100mm^2$ | 现场检查 | □是 □否 | 不符合要求的，发现 1 次扣 1.5 分 | |
| | | 无放电、严重电晕和电腐蚀现象 | | □是 □否 | 不符合要求的，发现 1 次扣 1.5 分 | |
| 19 | 套管和龙门架引线及线夹 | 抱箍、线夹应无裂纹现象 | 现场检查 | □是 □否 | 不符合要求的，发现 1 次扣 1.5 分 | |
| | | 线夹不应采用铜铝对接过渡线夹，铜铝对接线夹应制订更换计划 | 现场检查及查阅资料 | □是 □否 | 不符合要求的，发现 1 次扣 1.5 分 | |
| | | 引线应无散股、扭曲、断股现象 | 现场检查 | □是 □否 | 不符合要求的，发现 1 次扣 1.5 分 | |
| 20 | 温度 | 套管本体应无温度异常 | 现场检测 | □是 □否 | 不符合要求的，发现 1 次扣 1.5 分 | |
| | | 应无接头发热 | | □是 □否 | 不符合要求的，发现 1 次扣 1.5 分 | |
| 21 | 外绝缘 | 实际爬电比距与污区等级相匹配 | 查阅资料 | □是 □否<br>设计污区等级是______级<br>实际污区等级是______级 | 不符合要求的，发现 1 次扣 1.5 分 | |
| | | 金属法兰与瓷件浇装部位粘合应牢固，防水胶完好，喷砂均匀，无明显电腐蚀 | 现场检查 | □是 □否 | 不符合要求的，发现 1 次扣 1.5 分 | |

续表

| 序号 | 评判项目 | | 评判小项 | 检查方式 | 检查结果 | 扣分原则 | 扣分值 |
|---|---|---|---|---|---|---|---|
| 22 | 例行试验 | 试验周期 | 应根据评价结果按时进行试验 | 查阅资料 | □是 □否 | 未按照《输变电设备状态检修试验规程》按期进行试验的，发现1次扣3分 | |
| | | 电容量和介质损耗因数 | 应满足：<br>1）电容量初值差不超过5%（警示值）<br>2）介质损耗因数符合下列要求：<br>应不大于0.007（500kV及以上）；<br>应不大于0.008（220kV和330kV）；<br>应不大于0.01（110kV和66kV）；<br>聚四氟乙烯缠绕绝缘值不大于0.005 | 查阅资料（最近1次例行试验） | □是 □否<br>电容量值：________<br>介质损耗因数值：______ | 试验数据不符合要求的，发现1次扣4分 | |
| | | 绝缘电阻 | 应满足：主绝缘电阻值不小于10000MΩ | | □是 □否<br>绝缘电阻值：______ MΩ | 应满足：主绝缘（或绕组连同套管绝缘）电阻值不小于10000MΩ、试验数据不符合要求的，发现1次扣3分 | |
| | | | 应满足：末屏对地绝缘电阻值不小于1000MΩ | | □是 □否<br>绝缘电阻值：______ MΩ | 试验数据不符合要求的，发现1次扣3分 | |
| | | 充气套管 $SF_6$ 气体湿度测试 | 气体湿度检测并换算至20℃，湿度值应不大于250μL/L（新充气后），500μL/L（运行中） | | □是 □否<br>湿度值：________ | 试验数据不符合要求的，发现1次扣4分；<br>指标超标没有分析和处理措施的，发现1次扣4分 | |

续表

| 序号 | 评判项目 | 评判小项 | 检查方式 | 检查结果 | 扣分原则 | 扣分值 |
|---|---|---|---|---|---|---|
| 23 | 反措执行 | 油位不应过高或过低 | 现场检查及查阅资料 | □是 □否<br>油位：________ | 现场检查油位应处于正常位置；冬季和夏季巡检应有油位记录，若有油位过高或过低情况应有处理记录。不符合要求的，发现1次扣6分 | |
| | | 污秽等级不满足要求时，应喷涂防污闪涂料且状态良好或加装增爬裙且状态良好 | | □是 □否 | 不符合要求的，发现1次扣6分 | |
| 四、分接开关（根据是有载分接开关或无励磁分接开关在相应部分进行评分）（共计5分，扣完为止） | | | | | 累计扣分： | |
| 有载分接开关 | | | | | | |
| 24 | 外观 | 油位指示应清晰、准确，便于观察 | 现场检查 | □是 □否 | 不符合要求的，扣1.5分 | |
| | | 油位应正常，不应过高或过低 | | □是 □否 | 不符合要求的，扣1.5分 | |
| 25 | 吸湿器 | 玻璃罩杯油封完好，能起到长期呼吸作用 | 现场检查 | □是 □否 | 玻璃罩杯无破损，密封完好无进水，呼或吸状态下，内油面或外油面应高于呼吸管口。不符合要求的，扣1.5分 | |
| | | 使用变色吸湿剂，罐装至顶部1/6～1/5处，受潮吸湿剂不超过2/3 | | □是 □否 | 1）未使用变色吸湿剂的，扣1.5分；<br>2）吸湿剂剂量不符合规定的，扣1分 | |
| | | 吸湿剂不应自上而下变色，上部不应被油浸润，无碎裂、粉化现象 | | □是 □否 | 不符合要求的，扣1.5分 | |
| | | 免维护吸湿器电源应完好，加热器工作正常启动定值小于RH60%（湿度值）或按厂家规定 | | □是 □否 | 不符合要求的，扣1.5分 | |

续表

| 序号 | 评判项目 | | 评判小项 | 检查方式 | 检查结果 | 扣分原则 | 扣分值 |
|---|---|---|---|---|---|---|---|
| 26 | 机械特性 | 切换开关 | 交接、吊检后应进行切换特性试验 | 查阅资料 | □是 □否 | 未进行切换特性试验的，发现1次扣3分 | |
| | | 限位装置 | 分接转换开关本体应配装机械限位，机构箱内应有机械限位和电气闭锁，出现滑挡、飞车缺陷应采取处理措施 | 现场检查及查阅资料 | □有 □没有 | 1）没有限位装置和电气闭锁的，扣2分；<br>2）出现滑挡、飞车缺陷未采取处理措施的，发现一次扣1分 | |
| | | 分接位置 | 挡位指示应与控制室、本体、操动机构一致 | 现场检查 | □是 □否 | 现场实际挡位指示与其他指示不一致的，扣1.5分 | |
| 27 | 切换小室绝缘油 | 在线滤油装置 | 滤芯应根据油压和运行时间规定进行更换 | 现场检查及查阅资料 | □是 □否 | 1）未按周期进行滤芯更换的，扣1.5分；<br>2）无更换检修记录的，发现1次扣1分 | |
| | | | 滤油装置压力应正常，便于观察渗漏油及表压等运行状态 | | □是 □否 | 1）压力不正常的，扣1.5分；<br>2）表计接头处渗漏油的，扣1分 | |
| | | | 极寒条件下应配置防冻措施，应接入滤油装置油温传感器并加装和启动加热保温装置 | | □是 □否 | “极寒条件”是指分接开关内油温低于0℃及以下的情况。不符合要求的，扣1.5分 | |
| | | 油性能 | 应根据评价结果开展试验 | 查阅资料 | □是 □否 | 未按照《输变电设备状态检修试验规程》按期进行试验的，发现1次扣3分 | |
| | | | 油耐压应合格 | 查阅资料（最近1次试验报告） | □是 □否 | 试验数据不符合要求的，扣3分 | |

续表

| 序号 | 评判项目 | 评判小项 | 检查方式 | 检查结果 | 扣分原则 | 扣分值 |
|---|---|---|---|---|---|---|
| 28 | 反措执行 | 有载开关切换芯子吊检应测量全程的直流电阻和过渡波形；有载分接开关大修应测量全程的直流电阻、电压比和过渡波形 | 查阅资料 | □是 □否 | 未测量或测量结果不合格依然投运的，发现 1 次扣 6 分 | |
| | | 当开关动作次数或运行时间达到制造厂规定值时，应进行检修并对开关的切换程序与时间进行测试 | | □是 □否 | 不符合要求的，扣 6 分 | |
| 五、无励磁分接开关 | | | | | | |
| 29 | 分接位置 | 有挡位输出的无励磁分接开关挡位指示应与控制室一致 | 现场检查（如挡位无引出则不扣分） | □是 □否 | 现场实际挡位指示与其他指示不一致的，扣 1.5 分 | |
| 30 | 反措执行 | 应在调挡后进行直流电阻和变比测量 | 查阅资料 | □是 □否<br>电阻值：________<br>变比值：________ | 未测量或测量结果不合格依然投运的，发现 1 次扣 4.5 分 | |
| 六、冷却系统（共计 10 分，扣完为止） | | | | | 累计扣分： | |
| 31 | 冷却装置 | 风机或油泵应有轮换运行记录 | 查阅资料 | □是 □否 | 1）冷却装置轮换运行记录不规范的，扣 0.1 分；<br>2）轮换运行记录内容不齐全的，缺少一次扣 0.5 分，最多不超过 2 分 | |

续表

| 序号 | 评判项目 | 评判小项 | 检查方式 | 检查结果 | 扣分原则 | 扣分值 |
|---|---|---|---|---|---|---|
| 31 | 冷却装置 | 管状结构变压器冷却器每年应至少进行1次冲洗，并在大负荷前进行 | 现场检查及查阅资料 | □是 □否 | 1）没有按照规定进行冲洗且没有检修记录的，扣1.5分；<br>2）检修记录不完整的，缺少一次扣0.5分（完整性由2015年开始检查） | |
| | | 变电站监控后台及调度监控能够监视主变压器冷却装置运行情况，冷却器全停后能够正确上传信号 | | □是 □否 | 不符合要求的，扣1分 | |
| | | 每台冷却装置均应正常运行，冷却系统风机和油泵投入时间均衡配置，避免某一单组损耗过度 | | □是 □否 | 不符合要求的，扣1分 | |
| 32 | 油泵 | 高处安装潜油泵应加装防雨罩 | 现场检查 | □是 □否 | 不符合要求的，发现1次扣1.5分 | |
| | | 不应存在异常振动和杂音 | | □是 □否 | 不符合要求的，发现1次扣1.5分 | |
| 33 | 油流继电器 | 指示正确，无进水受潮，有必要的防雨措施，表盘内无渗漏，指针无抖动 | 现场检查 | □是 □否 | 加装防雨罩，本体及二次电缆进线50mm应被遮蔽，向下45°的雨水不能直淋，不符合要求的，扣1.5分 | |
| 34 | 冷却装置控制箱 | 控制线电缆芯无外露，如采用多芯软铜线，应压接绝缘接线柱 | 现场检查 | □是 □否 | 不符合要求的，扣1.5分 | |

续表

| 序号 | 评判项目 | 评判小项 | 检查方式 | 检查结果 | 扣分原则 | 扣分值 |
|---|---|---|---|---|---|---|
| 34 | 冷却装置控制箱 | 端子箱箱体接地、箱内二次接地、箱门与箱体连接良好 | 现场检查 | □是 □否 | 1）未进行接地连接的，扣 1.5 分；<br>2）采用接地线不规范或接地部位不可靠、锈蚀的，扣 0.5 分 | |
| | | 驱潮装置和加热升温装置工作正常，温湿度设定正确，按规定投退 | | □是 □否 | 不符合要求的，扣 1.5 分 | |
| | | 箱门密封、内部封堵应良好，无进水、受潮、积灰现象，如使用荧光灯管门灯，应加装防护罩 | | □是 □否 | 不符合要求的，扣 1.5 分 | |
| 35 | 反措执行 | 潜油泵的轴承应采取 E 级或 D 级，禁止使用无铭牌、无级别的轴承 | 现场检查及查阅资料 | □是 □否 | 不符合要求的，发现 1 次扣 4.5 分 | |
| | | 潜油泵转速应在 1500r/min 以下，强油循环结构的潜油泵应具备逐台启动措施，延时间隔在 30s 以上 | | □是 □否<br>转速：______ r/min | 不符合要求的，发现 1 次扣 4.5 分 | |
| | | 应有独立的两个电源且能实现自动切换，应有电源三相电压监测 | 现场检查 | □是 □否 | 不符合要求的，扣 4.5 分 | |
| | | 冷却系统两个独立电源的自动切换装置应按季度进行切换试验 | 查阅资料 | □是 □否 | 不符合要求的，发现 1 次扣 4.5 分 | |

续表

| 序号 | 评判项目 | 评判小项 | 检查方式 | 检查结果 | 扣分原则 | 扣分值 |
|---|---|---|---|---|---|---|
| 七、非电量保护和二次回路评价标准（共计 10 分，扣完为止） | | | | | 累计扣分： | |
| 36 | 气体继电器 | 按规定周期进行气体继电器二次回路的绝缘电阻测量 | 查阅资料 | □是 □否 | 1）未进行绝缘电阻测量的，扣 3 分；<br>2）未按周期进行测量的，缺少一次扣 1 分，最高不得超过 3 分 | |
| | | 应满足：二次回路绝缘电阻不小于 1MΩ | | □是 □否<br>绝缘电阻值：______ MΩ | 试验数据不符合要求并未进行处理的，扣 3 分 | |
| | | 防雨措施（boxin 隔声罩和户内除外） | 现场检查 | □是 □否 | 加装防雨罩，本体及二次电缆进线 50mm 应被遮蔽，向下 45°的雨水不能直淋。不符合要求的，扣 1.5 分 | |
| | | 观察窗应打开 | 现场检查 | □是 □否 | 不符合要求的，扣 1.5 分 | |
| 37 | 压力释放阀 | 按规定周期进行压力释放阀二次回路的绝缘电阻测量 | 查阅资料 | □是 □否 | 未按周期进行绝缘电阻测量的，发现 1 次扣 3 分 | |
| | | 应满足：二次回路绝缘电阻不小于 1MΩ | | □是 □否<br>绝缘电阻值：______ MΩ | 试验数据不符合要求并未进行处理的，发现 1 次扣 3 分 | |
| | | 本体压力释放阀导向管方向不应直喷巡视通道，威胁到运维人员的安全，并且不致喷入电缆沟、母线及其他设备上 | 现场检查 | □是 □否 | 不符合要求的，发现 1 次扣 2 分 | |
| 38 | 油流速动继电器 | 按规定周期进行油流速动继电器二次回路的绝缘电阻测量 | 查阅资料 | □是 □否 | 未按周期进行绝缘电阻测量的，扣 3 分 | |

续表

| 序号 | 评判项目 | 评判小项 | 检查方式 | 检查结果 | 扣分原则 | 扣分值 |
|---|---|---|---|---|---|---|
| 38 | 油流速动继电器 | 应满足：二次回路绝缘电阻不小于 1MΩ | 查阅资料 | □是 □否<br>绝缘电阻值：______ MΩ | 试验数据不符合要求并未进行处理的，扣 3 分 | |
| | | 防雨措施（boxin 隔声罩和户内除外） | 现场检查 | □是 □否 | 加装防雨罩，本体及二次电缆进线 50mm 应被遮蔽，向下 45°的雨水不能直淋。不符合要求的，扣 1.5 分 | |
| 39 | 温度计 | 按规定周期进行温度计二次回路的绝缘电阻测量 | 查阅资料 | □是 □否 | 未按周期进行绝缘电阻测量的，发现 1 次扣 3 分 | |
| | | 应满足：二次回路绝缘电阻不小于 1MΩ | | □是 □否<br>绝缘电阻值：______ MΩ | 试验数据不符合要求并未进行处理的，发现 1 次扣 3 分 | |
| | | 防雨措施（boxin 隔声罩和户内除外） | 现场检查 | □是 □否 | 温度计和温度探针加装防雨罩，本体及二次电缆进线 50mm 应被遮蔽，向下 45°的雨水不能直淋。不符合要求的，发现 1 次扣 1 分 | |
| 40 | 突发压力继电器 | 按规定周期进行突发压力继电器二次回路的绝缘电阻测量 | 查阅资料 | □是 □否 | 未按周期进行绝缘电阻测量的，扣 1.5 分 | |
| | | 应满足：二次回路绝缘电阻不小于 1MΩ | | □是 □否<br>绝缘电阻值：______ MΩ | 试验数据不符合要求并未进行处理的，扣 1.5 分 | |
| | | 防雨措施（boxin 隔声罩和户内除外） | 现场检查 | □是 □否 | 加装防雨罩，本体及二次电缆进线 50mm 应被遮蔽，向下 45°的雨水不能直淋。不符合要求的，扣 1 分 | |
| 41 | 二次回路 | 二次电缆浪管不应有积水弯和高挂低用现象，如有应临时做好封堵并开排水孔 | 现场检查 | □是 □否 | 不符合要求的，发现 1 次扣 1.5 分 | |
| | | 二次元件标志应清晰、准确 | | □是 □否 | 不符合要求的，扣 1 分 | |

续表

| 序号 | 评判项目 | 评判小项 | 检查方式 | 检查结果 | 扣分原则 | 扣分值 |
|---|---|---|---|---|---|---|
| 42 | 反措执行 | 本体保护宜采用就地跳闸方式 | 查阅资料 | □是 □否 | 将变压器本体保护通过较大启动功率中间继电器的两副触点分别直接接入断路器的两个跳闸回路，不符合要求的，扣 6 分 | |
| | | 本体、有载分接开关的重瓦斯保护应投跳闸 | | □是 □否 | 不符合要求的，扣 6 分 | |
| | | 气体继电器发轻瓦斯动作信号时，应进行检查和取气样检验 | | □是 □否 | 不符合要求的，发现 1 次扣 4.5 分 | |
| | | 变压器停电检修时应进行气体继电器、压力释放阀校验 | | □是 □否 | 校验记录不齐全的，发现 1 次扣 1.5 分，最高不得超过 4.5 分 | |
| 八、在线监测装置（共计 5 分，扣完为止） | | | | | 累计扣分： | |
| 43 | 变压器油中溶解气体在线监测装置 | 具备接入 PMS 条件 | 现场检查及查阅资料（无油中气体组分装置的不扣分） | □是 □否 | 不符合要求的，扣 1 分 | |
| | | 应运行正常（无渗漏油、欠压现象），数据上传准确 | | □是 □否 | 不符合要求的，扣 1.5 分 | |
| | | 取样周期应符合要求<br>一类变电站：4h；<br>二类变电站：12h；<br>三类变电站：24h | | □是 □否 | 取样周期不符合要求的，扣 1.5 分 | |
| | | 有运行维护记录 | | □是 □否 | 不符合要求的，扣 1 分 | |
| | | 与变压器本体间的连接管路应做完善的保护措施 | | □是 □否 | 不符合要求的，扣 1 分 | |

续表

| 序号 | 评判项目 | 评判小项 | 检查方式 | 检查结果 | 扣分原则 | 扣分值 |
|---|---|---|---|---|---|---|
| 44 | 反措执行 | 每年在进入夏季和冬季用电高峰前应分别进行油中气体组分在线监测装置与离线检测数据的比对分析 | 现场检查及查阅资料（无油中气体组分装置的不扣分） | □是 □否 | 不符合要求的，发现 1 次扣 3 分 | |
| 九、接地与消防（共计 5 分，扣完为止） | | | | | 累计扣分： | |
| 45 | 主要组件短路接地 | 主要元器件应短路接地 | 现场检查 | □是 □否 | 钟罩或桶体、储油柜、套管、升高座、有载开关、端子箱等应短路接地。不符合要求的，发现 1 次扣 1 分 | |
| 46 | 设备接地 | 本体接地情况 | | □是 □否 | 应有两根在不同位置分别引向不同地点的水平接地体。不符合要求的，扣 1 分 | |
| 47 | 基础固定 | 中性点接地情况 | | □是 □否 | 应有两根与地网主网格的不同边连接的接地引下线，不符合要求的，扣 1 分；110～220kV 不接地变压器的中性点过电压保护应采用棒间隙保护方式，间隙距离及避雷器参数配合应进行校核。不符合要求的，扣 1 分 | |
| 48 | | 导电截面无锈蚀现象；导电体接触良好 | | □是 □否 | 不符合要求的，发现 1 次扣 0.5 分 | |
| 49 | | 导轨式基础本体应固定良好 | | □是 □否 | 不符合要求的，扣 1 分 | |
| 50 | 感温装置 | 户外的感温电缆或探头无老化和磨损现象 | | □是 □否 | 不符合要求的，扣 1 分 | |

续表

| 序号 | 评判项目 | 评判小项 | 检查方式 | 检查结果 | 扣分原则 | 扣分值 |
|---|---|---|---|---|---|---|
| 51 | 事故油坑 | 事故油坑鹅卵石铺设应满足厚度不小于 250mm，粒径应为 50～80mm 或油池盖板符合要求，无异物堵塞 | 现场检查 | □是 □否 | 不符合要求的，扣 1 分 | |
| 52 | 事故油池 | 液面不超过事故油池液面的 2/3，油不外渗 | | □是 □否 | 不符合要求的，扣 1 分 | |
| 53 | 反措执行 | 采用排油注氮保护装置的变压器，本体储油柜与气体继电器间应设逆止阀 | | □是 □否 | 不符合要求的，扣 4.5 分 | |
| 54 | | 采用排油注氮保护装置的变压器应采用具有联动功能的双浮球结构的气体继电器，排油注氮装置应满足启动功率、线圈功率、动作逻辑关系要求 | 现场检查及查阅资料 | □是 □否 | 不符合要求的，每发现一处扣 1.5 分，最高不得超过 4.5 分 | |
| 55 | | 水喷淋动作功率应大于 8W | | | | |
| 56 | | 应结合例行试验检修，定期对灭火装置进行维护和检查，以防止误动和拒动 | | | | |

评分说明：1. 变压器以台为单位（每相为 1 台，若三相同体，计为 1 台），每台设备分别根据评分表进行评分，该类设备得分＝该类所有设备总得分/该类设备台数。

2. 220kV 及以上站用变压器，参照该细则进行评分。

## 2.2 设备年度状态评价标准化规范

### 2.2.1 业务概述

设备年度状态评价是综合专业巡视、带电检测、在线监测、例行试验、诊断性试验等各种技术手段，依据国家电网输变电设备状态评价导则每年集中组织开展的变电设备状态评价工作。开展设备年度状态评价的目的是全面掌握设备运行状态，准确评价设备健康状况，科学制订设备检修策略，保证设备安全稳定运行。设备年度状态评价范围：交流变压器（油浸式高压并联电抗器）、$SF_6$高压断路器、组合电器、隔离开关和接地开关、电流互感器、电压互感器、金属氧化物避雷器、并联电容器装置（集合式电容器装置）、开关柜、干式并联电抗器、交直流穿墙套管、消弧线圈装置、变电站防雷及接地装置、所用电系统等 14 类设备。这项工作由运检管理部门安排抽调检修、运维、试验三个专业技术骨干开展。每年 5 月，由试验专业牵头组织开展出具评价报告，检修专业依据评价报告出具检修策略。

### 2.2.2 业务流程

设备年度状态评价工作流程如图 2-2 所示。

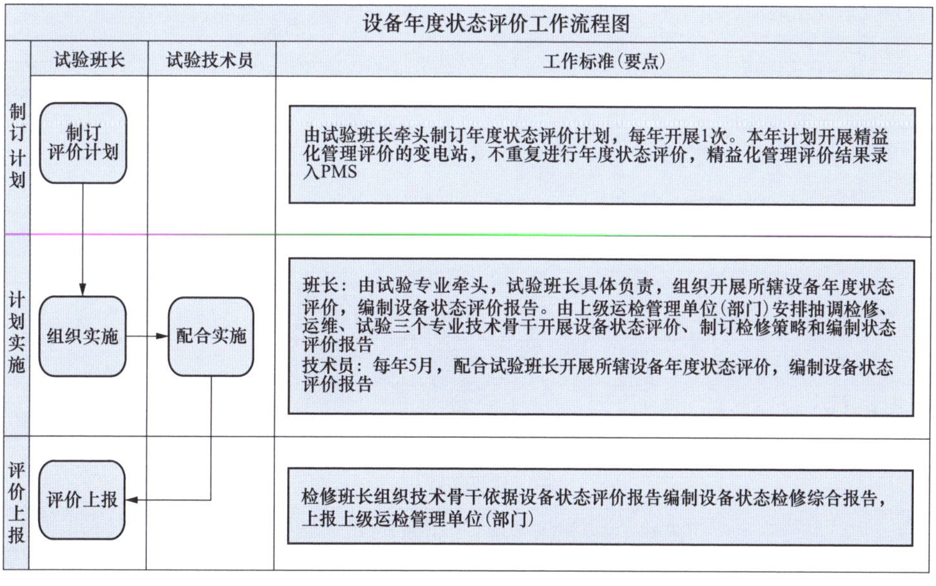


图 2-2 设备年度状态评价工作流程图

### 2.2.3 工作记录

（1）年度状态评价报告模板见表2-4。

**表2-4　　变压器（电抗器）年度状态评价报告**

<table>
<tr><td rowspan="6">设备资料</td><td>变电站</td><td></td><td>运行编号</td><td></td><td>设备型号</td><td></td></tr>
<tr><td>额定容量（MVA）</td><td></td><td>电压组合</td><td></td><td>额定电压（kV）</td><td></td></tr>
<tr><td>额定电流（A）</td><td></td><td>绕组型式</td><td></td><td>冷却方式</td><td></td></tr>
<tr><td>出厂日期</td><td></td><td>出厂编号</td><td></td><td>投运日期</td><td></td></tr>
<tr><td>生产厂家</td><td colspan="3"></td><td>上次检修分类</td><td></td></tr>
<tr><td>上次检修日期</td><td></td><td>上次试验日期</td><td></td><td>上次试验性质</td><td></td></tr>
<tr><td colspan="2">变压器（电抗器）上次整体评价结果/时间</td><td colspan="5"></td></tr>
<tr><td colspan="7">部件评价结果</td></tr>
<tr><td colspan="2">评价指标</td><td>本体</td><td>套管</td><td>分接开关</td><td>冷却系统</td><td>非电量保护</td></tr>
<tr><td colspan="2">单项最大扣分</td><td></td><td></td><td></td><td></td><td></td></tr>
<tr><td colspan="2">合计扣分</td><td></td><td></td><td></td><td></td><td></td></tr>
<tr><td colspan="2">状态定级</td><td></td><td></td><td></td><td></td><td></td></tr>
<tr><td rowspan="2">诊断试验情况</td><td>待诊断状态量</td><td></td><td></td><td></td><td></td><td></td></tr>
<tr><td>诊断结果</td><td></td><td></td><td></td><td></td><td></td></tr>
<tr><td colspan="2">变压器（电抗器）整体评价结果（诊断后）</td><td colspan="5"></td></tr>
<tr><td colspan="2">扣分状态量状态描述</td><td colspan="5"></td></tr>
<tr><td colspan="2">检修建议</td><td colspan="5">评价时间：　　　　评价人：　　　　审核：</td></tr>
<tr><td colspan="7">评价结果</td></tr>
<tr><td colspan="7">□正常状态　□注意状态　□异常状态　□严重状态</td></tr>
</table>

（2）输变电设备状态检修综合报告模板如下。

## ××××年××变电设备状态检修综合报告

一、设备基本情况

××变电站（开关站）、××变电站（开关站）等××座变电站共有主变压器××台（总容量××MVA），500kV 并联电抗器××台，500kV 组合电器××个间隔，500kV 断路器××组，500kV 隔离开关××组，500kV 避雷器××台，500kV 电压互感器××台。

二、设备状态评价情况

××变电站（开关站）、××变电站（开关站）等××座变电站中，×台并联电抗器评价为异常状态，×台断路器评价为严重状态。异常、严重状态设备的详细评价情况见设备状态评价报告（模板见表 2－4）。

（3）设备状态统计表模板见表 2－5。

**表 2－5　　　　设备状态统计表**

| 设备状态统计表　设备数量单位：台/条 | | | | | | | | | | | | | | | | | | | | | | | | |
|---|---|---|---|---|---|---|---|---|---|---|---|---|---|---|---|---|---|---|---|---|---|---|---|---|
| 设备类型 | 110（66）kV设备数量 | | | | | 220kV设备数量 | | | | | 500（330）kV设备数量 | | | | | 合计 | | | | | 各种状态设备所占比例（%） | | | |
| | 总数 | 正常状态 | 注意状态 | 异常状态 | 严重状态 | 总数 | 正常状态 | 注意状态 | 异常状态 | 严重状态 | 总数 | 正常状态 | 注意状态 | 异常状态 | 严重状态 | 总数 | 正常状态 | 注意状态 | 异常状态 | 严重状态 | 正常状态 | 注意状态 | 异常状态 | 严重状态 |
| 变压器（电抗器） | | | | | | | | | | | | | | | | | | | | | | | | |
| 断路器 | | | | | | | | | | | | | | | | | | | | | | | | |
| 组合电器 | | | | | | | | | | | | | | | | | | | | | | | | |
| 隔离开关 | | | | | | | | | | | | | | | | | | | | | | | | |
| 避雷器 | | | | | | | | | | | | | | | | | | | | | | | | |
| …… | | | | | | | | | | | | | | | | | | | | | | | | |
| 共计 | | | | | | | | | | | | | | | | | | | | | | | | |

（4）××××年评价需要停电检修设备统计表模板见表 2－6。

**表 2-6　　　　××××年评价需要停电检修设备统计表**

××××年评价需要停电检修设备统计表　　设备数量单位：台/套

| 设备类型 | 110(66)kV设备数量 | | | | 220kV设备数量 | | | | 500(330)kV设备数量 | | | | ××××年检修合计 | | | | 各类检修占停电检修总数比例（%） | | | 变电一次设备总数 | ××××年停电检修比例（%） |
|---|---|---|---|---|---|---|---|---|---|---|---|---|---|---|---|---|---|---|---|---|---|
| | 总数 | A类检修 | B类检修 | C类检修 | 总数 | A类检修 | B类检修 | C类检修 | 总数 | A类检修 | B类检修 | C类检修 | 总数 | A类检修 | B类检修 | C类检修 | A类检修 | B类检修 | C类检修 | | |
| 变压器（电抗器） | | | | | | | | | | | | | | | | | | | | | |
| 断路器 | | | | | | | | | | | | | | | | | | | | | |
| 组合电器 | | | | | | | | | | | | | | | | | | | | | |
| 隔离开关 | | | | | | | | | | | | | | | | | | | | | |
| 避雷器 | | | | | | | | | | | | | | | | | | | | | |
| 电压互感器 | | | | | | | | | | | | | | | | | | | | | |
| ⋮ | | | | | | | | | | | | | | | | | | | | | |
| 共计 | | | | | | | | | | | | | | | | | | | | | |

（5）变电站设备状态评价模板见表 2-7。

**表 2-7　　　　××变电站设备状态评价表**

| 变电站名称 | | | 电压等级 | |
|---|---|---|---|---|
| 评价设备数量（台、组、套） | | | 评价时间 | |
| 分类评价结果（台） | | | | |
| 设备状况 | 正常状态 | 注意状态 | 异常状态 | 严重状态 |
| 设备数量 | | | | |
| 各状态所占百分比 | | | | |
| 注意状态设备原因分析 | | | | |
| 异常状态设备原因分析 | | | | |
| 严重状态设备原因分析 | | | | |
| 设备风险分析 | | | | |
| 根据基建、技改、停电计划、可靠性，需要修正周期的设备及原因说明 | | | | |
| 检修决策 | | | | |
| 备注 | | | | |

### 2.2.4 设备状态评价标准卡

按照《国家电网公司输变电设备状态评价导则》执行，以隔离开关和接地开关设备为例，评价标准见表2-8～表2-10。

表2-8 隔离开关和接地开关状态量扣分值

| 状态量状态 | 基本扣分 / 权重系数 | 1 | 2 | 3 | 4 |
|---|---|---|---|---|---|
| Ⅰ | 2 | 2 | 4 | 6 | 8 |
| Ⅱ | 4 | 4 | 8 | 12 | 16 |
| Ⅲ | 8 | 8 | 16 | 24 | 32 |
| Ⅳ | 10 | 10 | 20 | 30 | 40 |

表2-9 隔离开关和接地开关状态量与评价扣分对应表

| 正常状态 | 注意状态 | | 异常状态 | 严重状态 |
|---|---|---|---|---|
| 合计扣分 | 合计扣分 | 单项扣分 | 单项扣分 | 单项扣分 |
| ＜30 | ≥30 | 12～16 | 20～24 | ≥30 |

表2-10 隔离开关和接地开关状态量评价标准

| 序号 | 状态量 分类 | 状态量名称 | 劣化程度 | 基本扣分 | 判断依据 | 权重系数 | 扣分值（基本扣分×权重） |
|---|---|---|---|---|---|---|---|
| 1 | 家族缺陷 | 同厂、同型、同期设备的故障信息 | Ⅱ | 4 | 一般缺陷未整改 | 2 | |
| | | | Ⅳ | 10 | 严重缺陷未整改 | | |
| 2 | 外绝缘水平 | 爬电比距 | Ⅳ | 10 | 不满足最新污秽等级要求且没有采取防污闪措施 | 3 | |
| | | 爬电系数 | Ⅳ | 10 | 不满足要求 | | |
| 3 | 运行巡检 | 导电回路放电 | Ⅲ | 8 | 出现异常放电声 | 2 | |
| 4 | | 累计机械操作次数 | Ⅳ | 10 | 超过制造厂规定值 | 4 | |
| 5 | | 瓷柱污染 | Ⅱ | 4 | 瓷柱外表有明显污秽 | 3 | |
| | | | Ⅳ | 10 | 瓷柱外表有严重污秽 | | |
| 6 | | 瓷柱破损 | Ⅰ | 2 | 瓷柱有轻微破损 | | |
| | | | Ⅱ | 4 | 瓷柱有较严重破损，但破损位不影响短期运行 | | |
| | | | Ⅳ | 10 | 瓷柱有严重破损或裂纹 | | |

续表

| 序号 | 状态量 分类 | 状态量名称 | | 劣化程度 | 基本扣分 | 判断依据 | 权重系数 | 扣分值（基本扣分×权重） |
|---|---|---|---|---|---|---|---|---|
| 7 | 运行巡检 | 瓷柱放电 | | Ⅰ | 2 | 瓷柱外表面有轻微放电或轻微电晕 | | |
| | | | | Ⅳ | 10 | 瓷柱外表面有明显放电或较严重电晕 | | |
| 8 | | 导电回路 | | Ⅱ | 4 | 导体出现腐蚀现象 | 3 | |
| 9 | | 一次接线端子 | | Ⅲ | 8 | 出现裂纹或破损 | 3 | |
| 10 | | 传动部件 | | Ⅲ | 8 | 分合闸不到位，存在卡涩现象 | 2 | |
| | | | | Ⅲ | 8 | 出现裂纹、紧固件松动等现象 | | |
| 11 | | 机构箱密封 | | Ⅰ | 2 | 密封不良 | 3 | |
| | | | | Ⅳ | 10 | 密封不良，箱内有积水 | | |
| 12 | | 基础及支架 | 基础破损 | Ⅳ | 10 | 基础有严重破损或开裂 | 1 | |
| | | | 基础下沉 | Ⅲ | 8 | 基础有轻微下沉或倾斜 | 4 | |
| | | | | Ⅳ | 10 | 基础有严重下沉或倾斜，影响设备安全运行 | | |
| | | | 支架锈蚀 | Ⅳ | 10 | 支架有严重锈蚀 | 1 | |
| | | | 支架松动 | Ⅳ | 10 | 支架有松动或变形 | 3 | |
| 13 | | 红外热像检测 | | Ⅲ | 8 | 触头及设备线夹等部位温度为90～130℃，或相对温差为80%～95%时 | 4 | |
| | | | | Ⅳ | 10 | 触头及设备线夹等部位温度大于130℃，或相对温差大于95%时 | | |
| 14 | | 加热器、动作计数器、机械指示状态 | | Ⅰ | 2 | 不能投入或失灵 | 1 | |
| 15 | | 均压环 | | Ⅳ | 10 | 严重锈蚀、变形、破损 | 2 | |
| 16 | | 软连接 | | Ⅰ | 2 | 连接断片或松股小于5% | 2 | |
| | | | | Ⅱ | 4 | 连接断片或松股超过5%，但小于20% | | |
| 17 | | 设备标牌 | | Ⅱ | 4 | 设备编号标识不齐全或模糊不能辨识 | 1 | |
| 18 | | 其他 | | Ⅰ | 2 | | | |

续表

| 序号 | 状态量 | | 劣化程度 | 基本扣分 | 判断依据 | 权重系数 | 扣分值（基本扣分×权重） |
|---|---|---|---|---|---|---|---|
| | 分类 | 状态量名称 | | | | | |
| 19 | 试验 | 二次回路绝缘电阻 | Ⅱ | 4 | 二次回路绝缘电阻低于 2MΩ | 3 | |
| 20 | | 导电回路电阻测量 | Ⅰ | 2 | 为制造厂规定值的 1.2～1.5 倍或与历史数据比较有明显增加 | 3 | |
| | | | Ⅱ | 4 | 为制造厂规定值的 1.5～3.0 倍 | | |
| | | | Ⅲ | 8 | 超过制造厂规定值的 3.0 倍 | | |
| 21 | | 辅助开关 | Ⅱ | 4 | 出现卡涩或接触不良 | 3 | |
| | | | Ⅲ | 8 | 切换不到位 | | |
| 22 | | 分、合闸操作状况 | Ⅳ | 10 | 分合不到位 | 4 | |
| | | | Ⅰ | 2 | 三相同期性不满足要求 | 4 | |
| | | | Ⅱ | 4 | 电动操作失灵 | 4 | |
| | | | Ⅰ | 2 | 机构电动机出现异常声响现象 | 4 | |
| 23 | | 超声波探伤 | Ⅱ | 4 | 瓷柱内存在裂纹长度小于 5mm | 4 | |
| | | | Ⅳ | 10 | 瓷柱内存在裂纹长度超过 5mm | 4 | |
| 24 | | 机械连锁和传动 | Ⅳ | 10 | 机械连锁性能不可靠；机械传动分合不到位 | 4 | |
| 25 | | 其他 | Ⅰ | 2 | | | |

## 2.3 设备动态评价标准化规范

### 2.3.1 业务概述

设备动态评价是设备重要状态量发生变化后开展的评价，主要类别为新设备首次评价、缺陷评价、经历不良工况后评价、带电检测异常评价和检修后评价。设备动态评价的目的是及时掌握设备状态变化情况，动态调整设备检修策略，迅速有效处理设备状态异常。

设备重要状态量发生变化时，应立即向上级运检管理单位（部门）报告，并开展动态评价。

不良工况后，带电检测异常评价应在 1 周内完成。

新设备首次评价应在设备投运后 1 个月内组织开展并在 3 个月内完成。

检修后评价应在工作结束后 2 周内完成。

设备缺陷评价具体要求如下：

(1) 危急缺陷应立即开展动态评价工作，迅速制订检修决策措施，防止出现处理不及时而造成设备事故。

(2) 严重缺陷应在 24h 内完成动态评价并制订检修策略，避免出现设备进一步损害并造成事故。

(3) 一般缺陷应在 1 周内完成动态评价并制订检修策略。

### 2.3.2 业务流程

设备动态评价工作流程如图 2-3 所示。

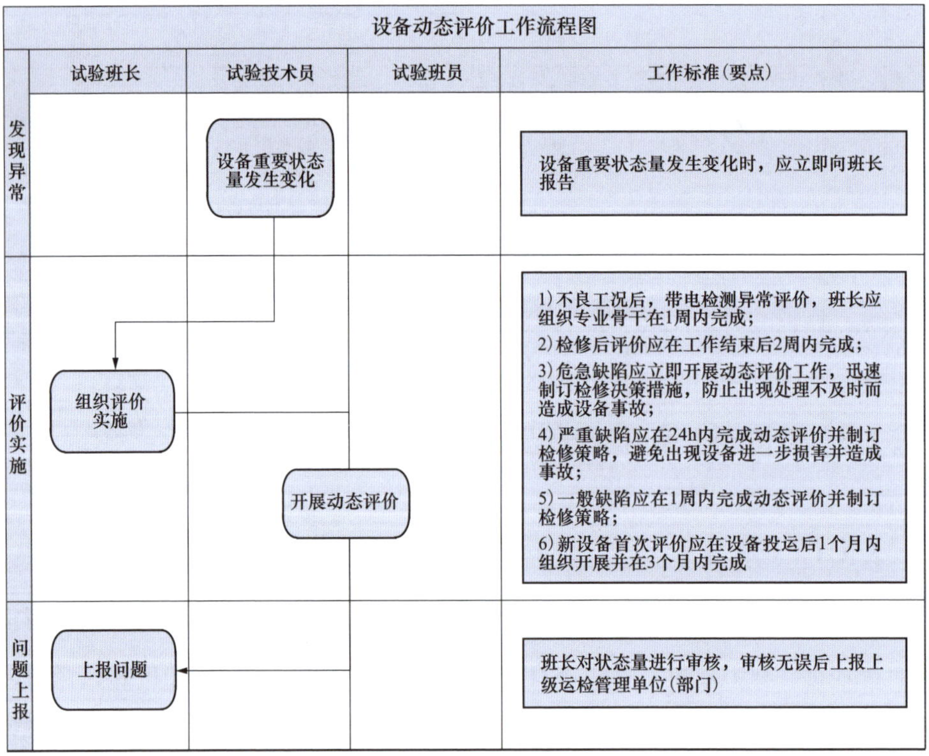


图 2-3 设备动态评价工作流程图

### 2.3.3 工作记录

设备动态评价报告模板见表 2－11。

**表 2－11　　　　设备动态评价报告**

<table>
<tr><td colspan="7">××变电站××设备状态评价报告</td></tr>
<tr><td rowspan="6">设备资料</td><td>变电站</td><td></td><td>运行编号</td><td></td><td>设备型号</td><td></td></tr>
<tr><td>生产厂家</td><td></td><td>额定电压（kV）</td><td></td><td>额定电流（A）</td><td></td></tr>
<tr><td>额定短路开断电流（kA）</td><td></td><td>机构型式</td><td></td><td>出厂编号</td><td></td></tr>
<tr><td>出厂日期</td><td></td><td>投运日期</td><td></td><td>上次检修日期</td><td></td></tr>
<tr><td>上次检修分类</td><td colspan="2"></td><td>上次检修日期</td><td colspan="2"></td></tr>
<tr><td>上次试验日期</td><td colspan="2"></td><td>上次试验性质</td><td colspan="2"></td></tr>
</table>

<table>
<tr><td colspan="5">部件评价结果</td></tr>
<tr><td>评价指标</td><td>本体</td><td>操动机构</td><td>合闸电阻</td><td>并联电容</td></tr>
<tr><td>单项最大扣分</td><td></td><td></td><td></td><td></td></tr>
<tr><td>合计扣分</td><td></td><td></td><td></td><td></td></tr>
<tr><td>状态</td><td></td><td></td><td></td><td></td></tr>
<tr><td colspan="2">$SF_6$断路器整体评价结果（诊断后）</td><td colspan="3"></td></tr>
<tr><td>扣分状态量描述</td><td colspan="4"></td></tr>
<tr><td>检修建议</td><td colspan="4"></td></tr>
<tr><td colspan="5">评价结果</td></tr>
<tr><td colspan="5">□正常状态　□注意状态　□异常状态　□严重状态</td></tr>
</table>

# 3　现场作业管理标准化规范

## 3.1　工作计划标准化规范

### 3.1.1　业务概述

检修计划是指为保障设备安全稳定运行而制订的计划性检修管理工作。检修计划包含年检修计划、月检修计划、周工作计划。检修计划的主要内容包括工作任务、计划时间、工作范围、工作负责人。

### 3.1.2　业务流程

检修计划工作流程如图 3－1 所示。

### 3.1.3　工作记录

（1）年检修计划模板见表 3－1。

**表 3－1**　　××公司××××年检修计划

| 序号 | 申请单位 | 变电站名称 | 电压等级 | 设备名称 | 检修内容 | 是否需要停电 | 停电范围 | 检修计划来源 | 申请开工时间 | 申请竣工时间 | 备注 |
|---|---|---|---|---|---|---|---|---|---|---|---|
| | | | | | | | | | | | |
| | | | | | | | | | | | |
| | | | | | | | | | | | |
| | | | | | | | | | | | |

填报日期：________　编制人：________　审核人：________　批准人：________

**注**　“检修计划来源”填写例行检修、大修项目、技改项目等。

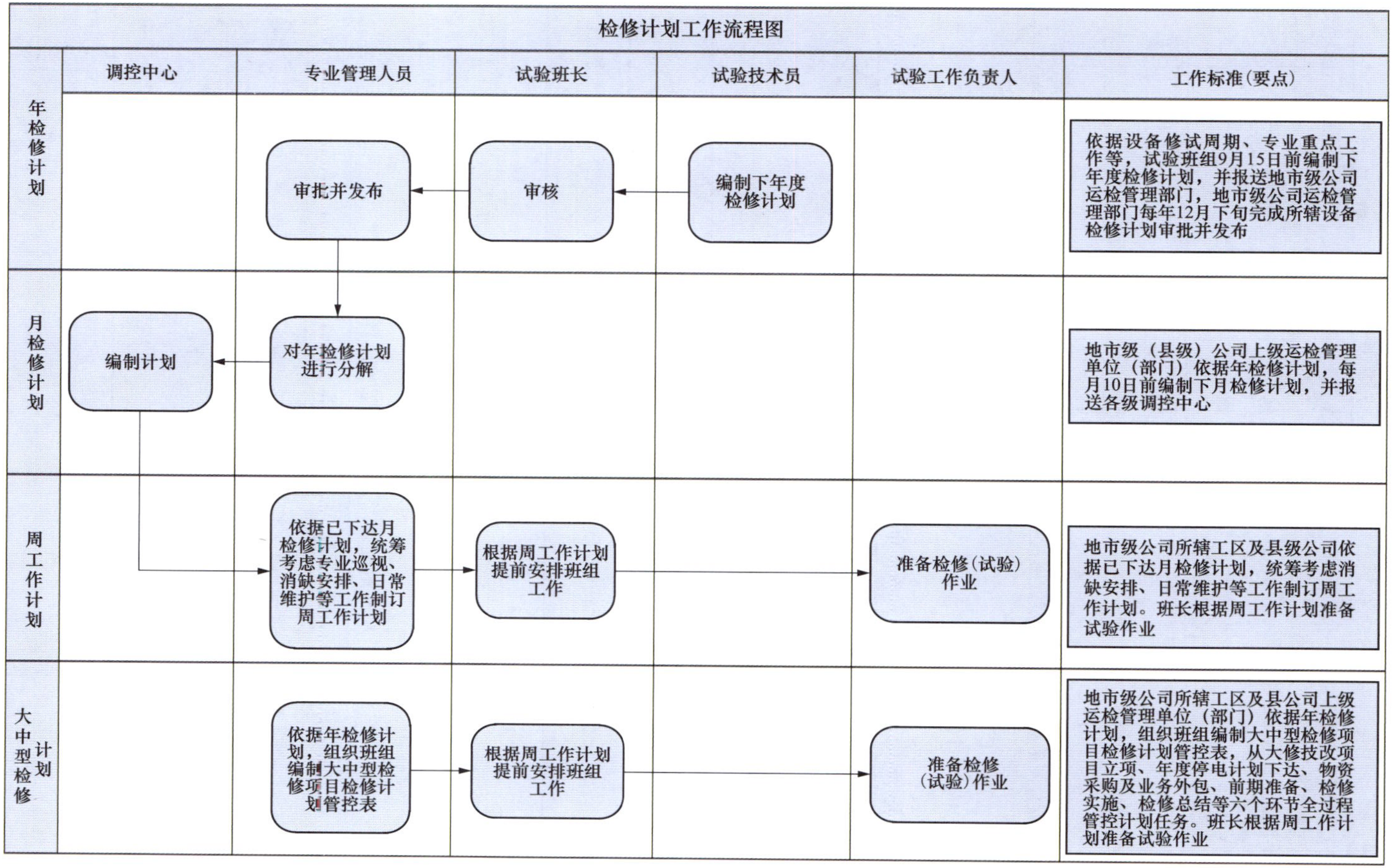


图3-1 检修计划工作流程图

(2) 月检修计划模板见表 3-2。

**表 3-2　××公司××××年××月检修计划**

| 序号 | 申请单位 | 变电站名称 | 电压等级 | 设备名称 | 检修内容 | 是否需要停电 | 停电范围 | 检修计划来源 | 开始时间 | 结束时间 | 备注 |
|---|---|---|---|---|---|---|---|---|---|---|---|
| | | | | | | | | | | | |
| | | | | | | | | | | | |
| | | | | | | | | | | | |
| | | | | | | | | | | | |

注 "检修计划来源"填写年检修计划、缺陷处理、专业巡视、专项排查等。

填报日期：________　编制人：________　审核人：________　批准人：________

(3) 周工作计划模板见表 3-3。

**表 3-3　××单位第×周工作计划**

| 序号 | 时间 | 变电站 | 工作内容 | 责任人 | 工作人员 | 备注 |
|---|---|---|---|---|---|---|
| | | | | | | |
| | | | | | | |
| | | | | | | |
| | | | | | | |
| | | | | | | |
| | | | | | | |
| | | | | | | |
| | | | | | | |

填报日期：________　编制人：________　审核人：________　批准人：________

(4) 带电检测计划模板见表 3-4。

**表 3-4　××单位××××年带电检测计划**

| 序号 | 单位 | 变电站 | 设备名称 | 设备电压等级(kV) | 设备总数量 | 可检测设备数量 | 检测比率(计划检测数量/设备总数量×100%) | 检测项目 | 计划检测月份 | 检测实施单位 | 检测周期 |
|---|---|---|---|---|---|---|---|---|---|---|---|
| | | | | | | | | | | | |
| | | | | | | | | | | | |
| | | | | | | | | | | | |
| | | | | | | | | | | | |
| | | | | | | | | | | | |
| | | | | | | | | | | | |
| | | | | | | | | | | | |

### 3.1.4 检测项目、周期和标准

按照《国家电网公司变电检测管理规定（试行）》[国网（运检/3）829—2017]执行，以油浸式电力变压器和电抗器为例，检测项目、分类、周期和标准见表3-5。

**表3-5 油浸式电力变压器和电抗器的检测项目、分类、周期和标准**

| 序号 | 项目 | 分类 | 基准周期 | 标准 | 说明 |
|---|---|---|---|---|---|
| 1 | 红外热像检测 | 带电检测 | 1）新投运后1周内（但应超过24h）；<br>2）1000kV：1周；330～750kV：1月；220 kV：3月；110（66）kV：半年；35kV及以下：1年；<br>3）必要时 | 红外热像图显示无异常温升、温差或相对温差 | 1）检测变压器箱体、储油柜、套管、引线接头及电缆等；<br>2）测量和分析方法可参考DL/T 664—2016《带电设备红外诊断应用规范》；<br>3）迎峰度夏（冬）、大负荷、检修结束送电期间增加检测频次 |
| 2 | 油中溶解气体分析 | 带电检测/停电试验 | 1）新投运、对核心部件或主体进行解体性检修后：<br>1000kV：第1、2、3、4、7、10、30天各进行1次；<br>110（66）～750kV：第1、4、10、30天各进行1次；<br>35kV：第1、30天各进行1次；<br>2）运行中：<br>1000kV：1月；330～750kV：3月；220kV：半年；35～110(66) kV：1年；<br>3）必要时 | 1）溶解气体含量：<br>乙炔含量不大于0.5μL/L（1000kV）；<br>乙炔含量不大于1μL/L（330～750kV）；<br>乙炔含量不大于5μL/L（其他）（注意值）；<br>氢气含量不大于150μL/L（注意值）；<br>总烃含量不大于150μL/L（注意值）；<br>2）绝对产气速率不大于12mL/d（隔膜式）（注意值）或不大于6mL/d（开放式）（注意值）；<br>3）相对产气速率不大于10%/月（注意值） | 1）取样及测量程序参考GB/T 7252—2001《变压器油中溶解气体分析和判断导则》，同时注意设备技术文件的特别提示；<br>2）若有增长趋势，即使小于注意值，也应缩短试验周期；烃类气体含量较高时，应计算总烃的产气速率；<br>3）总烃含量低的设备不宜采用相对产气速率进行判断；<br>4）当怀疑有内部缺陷（如听到异常声响）、气体继电器有信号、经历了过负荷运行以及发生了出口或近区短路故障，应进行额外的取样分析 |
| 3 | 绝缘油 | 带电检测/停电试验 | 330kV及以上：1年；<br>220kV及以下：3年 | 见绝缘油检测标准 | 见绝缘油检测说明 |

续表

| 序号 | 项目 | 分类 | 基准周期 | 标准 | 说明 |
| --- | --- | --- | --- | --- | --- |
| 4 | 绕组电阻 | 停电试验 | 1）1000kV：1年其他：3年；<br>2）解体检修后；<br>3）无励磁调压变压器变换分接位置后；<br>4）有载调压变压器的分接开关检修后（在所有分接）；<br>5）更换套管后；<br>6）必要时 | 1）1.6MVA以上变压器，各相绕组电阻相间的差别，不大于三相平均值的2%（警示值）；无中性点引出的绕组，线间差别不应大于三相平均值的1%；<br>2）1.6MVA及以下变压器，相间差别一般不大于三相平均值的4%；线间差别一般不大于三相平均值的2%；<br>3）同相初值差不超过±2%（警示值）；<br>4）电抗器参照执行 | 1）绕组电阻测试电流不宜大于20A，铁心的磁化极性应保持一致；<br>2）在扣除原始差异之后，同一温度下各绕组电阻的相间差别或线间差别不大于规定值；<br>3）同一温度下，各相电阻的初值差不超过±2%；<br>4）不同温度下的电阻值按下式换算：<br>$R_2=R_1(T+t_2)/(T+t_1)$<br>式中：$R_1$、$R_2$分别为在温度$t_1$、$t_2$下的电阻值，$T$为电阻温度常数，铜导线取235，铝导线取225 |
| 5 | 套管试验 | 停电试验 | 1000kV：1年；<br>110(66)～750kV：3年 | 见套管部分 | 见套管部分 |
| 6 | 铁心、夹件接地电流测量 | 带电检测 | 1）750～1000kV每月不少于1次；330～500kV每3个月不少于1次；220kV每6个月不少于1次；35～110kV每年不少于1次；<br>2）新安装及A、B类检修重新投运后1周内；<br>3）必要时 | 1）1000kV：不大于300mA（注意值）<br>其他：不大于100mA；<br>2）与历史数值比较无较大变化 | 1）当铁心接地电流无异常时，可不进行铁心绝缘电阻测试；<br>2）使用高精度钳形电流表；<br>3）现场标明测量位置，每次在固定位置测量 |
| 7 | 铁心绝缘电阻 | 停电试验 | 1）1000kV：1年；110（66）～750kV：3年；<br>35kV及以下：4年；<br>2）解体检修后；<br>3）更换绕组后；<br>4）油中溶解气体分析异常时；<br>5）必要时 | 1）与以前试验结果比较无明显变化；<br>2）不小于100MΩ（新投运1000MΩ）（750kV及以下） | 1）绝缘电阻测量采用2500V（老旧变压器用1000V）绝缘电阻表；<br>2）除注意绝缘电阻的大小外，要特别注意绝缘电阻的变化趋势；<br>3）夹件引出接地的，铁心对地、夹件对地、铁心与夹件间的绝缘电阻应分别测量 |

续表

| 序号 | 项目 | 分类 | 基准周期 | 标准 | 说明 |
|---|---|---|---|---|---|
| 8 | 绕组绝缘电阻 | 停电试验 | 1）1000kV：1年；110（66）～750kV：3年；35kV及以下：4年；<br>2）解体检修后；<br>3）绝缘油例行试验中水分偏高，或者怀疑箱体密封被破坏时；<br>4）必要时 | 1）绝缘电阻换算至同一温度下，与初值相比无显著下降；<br>2）吸收比不小于1.3或极化指数不小于1.5或绝缘电阻不小于10000 MΩ | 1）采用5000V绝缘电阻表测量；<br>2）电压等级为220kV及以上且容量为120MVA及以上时，宜采用输出电流不小于3mA的绝缘电阻表；<br>3）测量时，铁心、外壳及非测量绕组应接地，测量绕组应短路，套管表面应清洁、干燥；<br>4）测量宜在顶层油温低于50℃时进行，并记录顶层油温；<br>5）绝缘电阻下降显著时，应结合介质损耗因数及油质试验进行综合分析；<br>6）不同温度下的绝缘值一般可用下式换算：<br>$R_2=R_1(T+t_2)/(t+t_1)$<br>式中：$R_1$、$R_2$分别为在温度$t_1$、$t_2$下的绝缘电阻值；<br>7）测试方法参考DL/T 474.1—2018《现场绝缘试验实施导则 绝缘电阻吸收比和极化指数试验》 |
| 9 | 绕组绝缘介质损耗因数（20℃） | 停电试验 | 1）1000kV：1年；110（66）～750kV：3年；35kV及以下：4年；<br>2）解体检修后；<br>3）必要时 | 1）20℃时的介质损耗因数：<br>330kV及以上：不大于0.005（注意值）；<br>110（66）～220kV：不大于0.008（注意值）；<br>35kV及以下：不大于0.015（注意值）；<br>2）绕组电容量与上次试验结果相比无明显变化 | 1）测量宜在顶层油温低于50℃且高于零摄氏度时进行，测量时记录顶层油温和空气相对湿度，<br>2）非测量绕组及外壳接地；<br>3）必要时分别测量被测绕组对地、被测绕组对其他绕组的绝缘介质损耗因数；<br>4）测量绕组绝缘介质损耗因数时，应同时测量电容值，若此电容值发生明显变化，应予以注意，分析时应注意温度对介质损耗因数的影响；<br>5）测量方法可参考DL/T 474.3—2018《现场绝缘试验实施导则 介质损耗因数 tanδ 试验》 |

续表

| 序号 | 项目 | 分类 | 基准周期 | 标准 | 说明 |
| --- | --- | --- | --- | --- | --- |
| 10 | 有载分接开关检查 | | | | |
| 10.1 | 操作试验 | 停电试验 | 1）110（66）～750kV：3年；<br>35kV及以下：4年；<br>2）有载开关检修时；<br>3）制造厂规定时 | 手动操作应轻松，必要时用力矩表测量，其值不超过制造厂的规定，电动操作应无卡涩，没有联动现象，电气和机械限位动作正常 | 在手摇操作正常情况下，就地电动和远方各进行一个循环操作 |
| 10.2 | 过渡电阻阻值 | 停电试验 | 1）110（66）～750kV：3年；<br>35kV及以下：4年；<br>2）有载开关检修时 | 1）符合制造厂规定；<br>2）过渡电阻阻值与初值比较偏差不大于±10% | 条件具备时进行 |
| 10.3 | 触头接触电阻 | 停电试验 | 1）3年；<br>2）有载开关检修时 | 每对触头不大于500μΩ | 条件具备时进行 |
| 10.4 | 切换过程程序与时间 | 停电试验 | 1）110（66）～750kV：3年；<br>35kV及以下：4年；<br>2）有载开关检修时；<br>3）制造厂规定时 | 正反方向的切换程序与时间均符合制造厂要求。无开路现象 | |
| 10.5 | 有载开关的油击穿电压 | 停电试验 | 1）110（66）～750kV：3年；<br>35kV及以下：4年；<br>2）有载开关检修时；<br>3）必要时 | 不小于30 kV | 不满足要求时，需要对油进行过滤处理，或者换新油 |
| 11 | 测温装置检查及其二次回路试验 | 停电试验 | 1）1000 kV：1年；<br>110（66）～750kV：3年；<br>35kV及以下：4年；<br>2）必要时 | 密封良好，指示正确，测温电阻值应和出厂值相符，结果应符合设备技术文件要求，绝缘电阻一般不低于1MΩ | 1）采用1000V绝缘电阻表测量；<br>2）每两个试验周期校验一次，可与标准温度计比对，或按制造商推荐方法进行 |

续表

<table>
<tr><th>序号</th><th>项目</th><th>分类</th><th>基准周期</th><th>标准</th><th>说明</th></tr>
<tr><td>12</td><td>气体继电器检查及其二次回路试验</td><td>停电试验</td><td>1）1000 kV：1 年（二次回路）；<br>110（66）～750kV：3 年；<br>35kV 及以下：4 年；<br>2）必要时</td><td>1）检查气体继电器整定值，符合运行规程和设备技术文件要求，动作正确；<br>2）气体继电器二次回路的绝缘电阻，不低于 1MΩ</td><td>1）绝缘电阻测量采用 1000V 绝缘电阻表测量；<br>2）每两个试验周期测量一次气体继电器二次回路的绝缘电阻</td></tr>
<tr><td>13</td><td>冷却装置检查及其二次回路试验</td><td>停电试验</td><td>1）1000 kV：1 年（二次回路）；<br>110（66）～750kV：3 年；<br>35kV 及以下：4 年；<br>2）必要时</td><td>1）运行中流向、温升和声响正常，无渗漏；<br>2）二次回路绝缘电阻一般不低于 1MΩ</td><td>1）绝缘电阻测量采用 1000V 绝缘电阻表测量；<br>2）强油水冷装置的检查和试验按设备技术文件进行</td></tr>
<tr><td>14</td><td>压力释放装置检查</td><td>停电试验</td><td>1）解体检修后；<br>2）必要时</td><td>符合技术文件要求。一般要求开启压力与出厂值的标准偏差在±10%之内或符合设备技术文件要求</td><td></td></tr>
<tr><td>15</td><td>绕组直流泄漏电流</td><td>停电试验</td><td>1）1000kV：1 年；<br>2）怀疑绝缘存在受潮等缺陷时</td><td>测量绕组短路加压，其他绕组短路接地，施加直流电压值为：<table><tr><td>绕组额定电压（kV）</td><td>3</td><td>6～10</td><td>35</td><td>66～330</td><td>500 及以上</td></tr><tr><td>直流试验电压（kV）</td><td>5</td><td>10</td><td>20</td><td>40</td><td>60</td></tr></table>加压 60s 时的泄漏电流与初值比应没有明显增加，与同型设备比没有明显差异</td><td></td></tr>
<tr><td>16</td><td>空载电流和空载损耗</td><td>停电试验</td><td>1）诊断铁心结构缺陷、匝间绝缘损坏时；<br>2）必要时</td><td>1）测量结果与上次相比，无明显差异；<br>2）对单相变压器相间或三相变压器两个边相，空载电流差异不超过 10%</td><td>1）试验电压尽可能接近额定值，试验电压值和接线应与上次试验保持一致；<br>2）分析时同时注意空载损耗的变化</td></tr>
</table>

续表

| 序号 | 项目 | 分类 | 基准周期 | 标准 | 说明 |
|---|---|---|---|---|---|
| 17 | 短路阻抗 | 停电试验 | 1）更换绕组后；<br>2）诊断绕组是否发生变形时 | 1）电压等级 1000kV 的变压器，初值差不超过±3%；<br>2）容量 100MVA 及以下且电压等级 220kV 以下的变压器，初值差不超过±2%；<br>3）容量 100MVA 以上或电压等级 220kV 以上的变压器，初值差不超过±1.6%；<br>4）容量 100MVA 及以下且电压等级 220kV 以下的变压器三相之间的最大相对互差不应大于 2.5%；<br>5）容量 100MVA 以上或电压等级 220kV 以上的变压器三相之间的最大相对互差不应大于 2% | 1）宜在最大分接位置和相同电流下测量；<br>2）试验电流可用额定电流，亦可低于额定值，但不宜小于 5A；<br>3）试验方法参见 DL/T 1093—2018《电力变压器绕组变形的电抗法检测判断导则》 |
| 18 | 外施耐压试验 | 停电试验 | 1）验证绝缘强度时；<br>2）必要时 | 出厂试验值的 80%，时间为 60s | 分级绝缘变压器，仅对中性点和低压绕组进行。全绝缘变压器，对各绕组分别进行 |
| 19 | 感应耐压和局部放电测量 | 停电试验 | 1）验证绝缘强度；<br>2）诊断是否存在局部放电缺陷时；<br>3）必要时 | 1）感应耐压：出厂试验值的 80%；<br>2）局部放电：$1.3U_m/\sqrt{3}$ 以下：不大于 300pC（注意值） | 1）感应电压的频率应在 100～300Hz。电压为出厂试验值的 80%，时间按下式确定，但应在 15～60s 之间：<br>$t=\dfrac{120\times 额定频率}{试验频率}$<br>2）试验方法参考 GB/T 1094.3—2017《电力变压器 第 3 部分：绝缘水平、绝缘试验和外绝缘空气间隙》 |
| 20 | 绕组频率响应 | 停电试验 | 1）出口短路、近区短路后；<br>2）更换绕组后；<br>3）诊断是否发生绕组变形时 | 绕组扫频响应曲线与原始记录基本一致，即绕组频响曲线的各个波峰、波谷点所对应的幅值及频率基本一致 | 试验方法和测量分析参考 DL/T 911—2016《电力变压器绕组变形的频率响应分析法》 |

续表

| 序号 | 项目 | 分类 | 基准周期 | 标准 | 说明 |
|---|---|---|---|---|---|
| 21 | 绕组各分接位置电压比 | 停电试验 | 1）对核心部件或主体进行解体性检修之后；<br>2）怀疑绕组存在缺陷时；<br>3）无励磁分接开关在改变分接位置后；<br>4）必要时 | 初值差不超过<br>±0.5%（额定分接位置）；<br>±1.0%（其他）（警示值） | 结果应与铭牌标志一致 |
| 22 | 电抗器电抗值 | 停电试验 | 怀疑绕组或铁心（如有）存在缺陷时 | 初值差不超过±5%（注意值） | |
| 23 | 纸绝缘聚合度 | 停电试验 | 诊断绝缘老化程度时 | 聚合度不小于250（注意值） | 测量方法参考DL/T 984—2018《油浸式变压器绝缘老化判断导则》 |
| 24 | 整体密封性能检查 | 停电试验 | 对核心部件或主体进行解体性检修之后，或重新进行密封处理之后 | 1000kV：在油枕顶部施加0.035MPa压力持续24h，无油渗漏；<br>其他：采用储油柜油面加压法，在0.03MPa压力下持续24h，无油渗漏 | 检查前应采取措施防止压力释放装置动作 |
| 25 | 声级及振动 | 带电检测 | 1）噪声异常时，可定量测量变压器声级；<br>2）振动异常时，可定量测量振动水平 | 1）符合设备技术文件要求；<br>2）振动波主波峰的高度不超过规定值，且与同型设备无明显差异 | 试验方法参考GB/T 1094.10—2008《电力变压器 第10部分：声级测定应用导则》 |
| 26 | 直流偏磁水平检测 | 停电试验 | 当变压器声响、振动异常时 | | 进行中性点直流电流测量 |
| 27 | 高频局部放电检测 | 带电检测 | 1）330～1000kV：1年；<br>2）必要时 | 无异常放电 | 检测从套管末屏接地线、高压电缆接地线（变压器为电缆出线结构）、铁心和夹件接地线上取信号 |
| 28 | 超声波局部放电检测 | 带电检测 | 必要时 | 无明显局部放电超声信号 | |
| 29 | 特高频局部放电检测 | 带电检测 | 必要时 | 无异常放电 | |
| 30 | 机械振动检测 | 带电检测 | 1）1000kV：半年；<br>2）存在异常声响时；<br>3）必要时 | 1）与同型设备无明显差异；<br>2）出具报告，积累数据 | |

## 3.2 标准化作业规范

### 3.2.1 业务概述

标准化作业指对电气试验工作细化工作步骤，量化关键工艺，工作前严格审核，工作中逐项执行工作标准，工作后责任可追溯，确保作业质量的工作过程。

### 3.2.2 业务流程

标准化作业工作流程如图 3－2 所示。

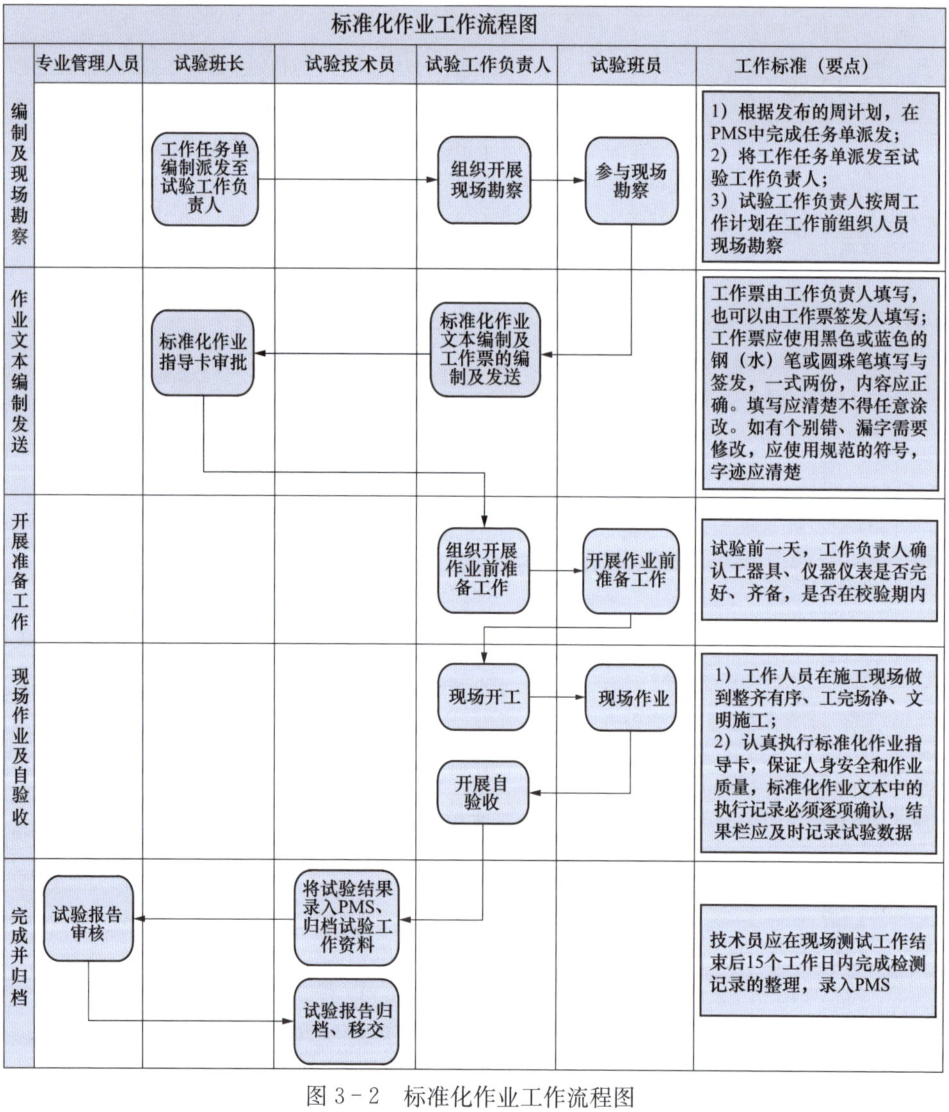


图 3－2 标准化作业工作流程图

### 3.2.3 工作记录

（1）变电站（发电厂）第一种工作票如下。

**变电站（发电厂）第一种工作票**

单位________________________　　　　　　　　　　　　编号__________

1. 工作负责人（监护人）__________　　　　　　　　　　　　班组__________

2. 工作班人员（不包括工作负责人）

________________________________________________________________________

________________________________________________________________________

共______人

3. 工作的变电站名称及设备双重名称

________________________________________________________________________

4. 工作任务

| 工作地点及设备双重名称 | 工作内容 |
|---|---|
| | |
| | |

5. 计划工作时间

自______年___月___日___时___分至______年___月___日___时___分

6. 安全措施（必要时可附页绘图说明）

| 应拉开断路器（开关）、隔离开关（刀闸） | 已执行 * |
|---|---|
| | |
| 应装接地线、应合接地开关（注明确实地点、名称及接地线编号 * ） | 已执行 * |
| | |
| | |
| 应设遮栏、应挂标示牌及防止二次回路误碰等措施 * | 已执行 * |
| | |
| | |
| | |
| | |
| | |
| | |
| | |

* 已执行栏目及接地线编号由工作许可人填写。

| 工作地点保留带电部分或注意事项（由工作票签发人填写） | 补充工作地点保留带电部分和安全措施（由工作许可人填写） |
|---|---|
| | |
| | |

第一签发人签名________ 签发日期：________年____月____日____时____分

第二签发人签名________ 签发日期：________年____月____日____时____分

7. 收到工作票时间________年____月____日____时____分

运行值班人员签名________ 工作负责人签名________

8. 确认本工作票1～7项

工作负责人签名________ 工作许可人签名________

许可开始工作时间：________年____月____日____时____分

9. 确认工作负责人布置的任务和本施工项目安全措施

工作班组人员签名：

________________________________________

________________________________________

________________________________________

________________________________________

________________________________________

10. 工作负责人变动：

原工作负责人________离去，变更________为工作负责人

工作票签发人________ ________年____月____日____时____分

11. 工作人员变动情况（变动人员姓名、变动日期及时间）

| 添加人员姓名 | 日 | 时 | 分 | 工作负责人签名 | 离去人员姓名 | 日 | 时 | 分 | 工作负责人签名 |
|---|---|---|---|---|---|---|---|---|---|
| | 日 | 时 | 分 | | | 日 | 时 | 分 | |
| | 日 | 时 | 分 | | | 日 | 时 | 分 | |
| | 日 | 时 | 分 | | | 日 | 时 | 分 | |
| | 日 | 时 | 分 | | | 日 | 时 | 分 | |

12. 工作票延期

有效期延长到________年____月____日____时____分

工作负责人签名________ ________年____月____日____时____分

工作许可人签名________ ________年____月____日____时____分

13. 每日开工和收工时间（使用一天的工作票不必填写）

| 收工时间 | | | | 工作负责人 | 工作许可人 | 开工时间 | | | | 工作负责人 | 工作许可人 |
|---|---|---|---|---|---|---|---|---|---|---|---|
| 月 | 日 | 时 | 分 | | | 月 | 日 | 时 | 分 | | |
| 月 | 日 | 时 | 分 | | | 月 | 日 | 时 | 分 | | |
| 月 | 日 | 时 | 分 | | | 月 | 日 | 时 | 分 | | |
| 月 | 日 | 时 | 分 | | | 月 | 日 | 时 | 分 | | |
| 月 | 日 | 时 | 分 | | | 月 | 日 | 时 | 分 | | |
| 月 | 日 | 时 | 分 | | | 月 | 日 | 时 | 分 | | |
| 月 | 日 | 时 | 分 | | | 月 | 日 | 时 | 分 | | |
| 月 | 日 | 时 | 分 | | | 月 | 日 | 时 | 分 | | |

14. 工作终结：

全部工作于________年____月____日____时____分结束，设备及安全措施已恢复至开工前状态，工作人员已全部撤离，材料工具已清理完毕，工作已终结。

工作负责人签名：________ 工作许可人签名：________

15. 工作票终结：

临时遮栏、标示牌已拆除，常设遮栏已恢复。未拆除或未拉开的接地线编号________________等________组、接地开关（小车）共________副（台），已汇报调度值班员。

工作许可人签名________ ________年____月____日____时____分

16. 备注：

1）指定专责监护人________负责监护____________________（地点及具体工作）

指定专责监护人__________负责监护____________________（地点及具体工作）

指定专责监护人__________负责监护____________________（地点及具体工作）

2）其他注意事项

________________________________________________________________________

________________________________________________________________________

(2) 变电站（发电厂）第二种工作票如下。

## 变电站（发电厂）第二种工作票

单位：________________________________ 编号：________

1. 工作负责人（监护人）______________________ 班组：________

2. 工作班人员（不包括工作负责人）

______________________________________________________________

______________________________________________________________

共____人

3. 工作的变、配电站名称及设备双重名称：

______________________________________________________________

4. 工作任务：

| 工作地点或地段 | 工作内容 |
|---|---|
| | |
| | |
| | |
| | |

5. 计划工作时间

自________年____月____日____时____分至________年____月____日____时____分

6. 工作条件（停电或不停电，或邻近及保留带电设备名称）

______________________________________________________________

______________________________________________________________

7. 注意事项（安全措施）

______________________________________________________________

______________________________________________________________

______________________________________________________________

工作票第一签发：________ 签发日期：________年____月____日____时____分

工作票第二签发：________ 签发日期：________年____月____日____时____分

8. 补充安全措施（工作许可人填写）

______________________________________________________________

________________________________________

________________________________________

________________________________________

________________________________________

________________________________________

9. 确认本工作票1～8项

工作负责人签名________ 工作许可人签名________

许可工作时间：________年____月____日____时____分

10. 确认工作负责人布置的工作任务和安全措施

工作班人员签名：

________________________________________

________________________________________

________________________________________

11. 工作票延期

有效期延长到________年____月____日____时____分

工作负责人签名：________ ________年____月____日____时____分

工作许可人签名：________ ________年____月____日____时____分

12. 工作票终结

全部工作于________年____月____日____时____分结束，工作人员已全部撤离，材料工具已清理完毕。

工作负责人签名________ ________年____月____日____时____分

工作许可人签名________ ________年____月____日____时____分

13. 备注

________________________________________

________________________________________

________________________________________

________________________________________

（3）现场勘察记录模板如下。

## 现场勘察记录

勘察单位________________ 部门（班组）____________ 编号________________

勘察负责人______________ 勘察人员________________________________________

勘察设备的双重名称（多回应注明双重称号）：

______________________________________________________________________________

工作任务［工作地点（地段）以及工作内容］：____________________________________

______________________________________________________________________________

现场勘察内容：

| |
|---|
| 1. 工作地点需要停电的范围： |
| 2. 保留的带电部位： |
| 3. 作业现场的条件、环境及其他危险点： |
| 4. 应采取的安全措施： |
| 5. 附图与说明： |

记录人：_____ 勘察日期：________年____月____日____时____分至____日____时____分

（4）试验报告模板如下。

**试 验 报 告**

<table>
<tr><td colspan="24">一、基本信息</td></tr>
<tr><td colspan="3">变电站</td><td colspan="3"></td><td colspan="3">委托单位</td><td colspan="3"></td><td colspan="3">试验单位</td><td colspan="3"></td><td colspan="3">试验日期</td><td colspan="3"></td></tr>
<tr><td colspan="3">检测分类</td><td colspan="3"></td><td colspan="3">试验天气</td><td colspan="3"></td><td colspan="3">温度</td><td colspan="3"></td><td colspan="3">湿度</td><td colspan="3"></td></tr>
<tr><td colspan="24">二、设备铭牌</td></tr>
<tr><td colspan="4">运行编号</td><td colspan="4"></td><td colspan="4">生产厂家</td><td colspan="4"></td><td colspan="4">额定电压</td><td colspan="4"></td></tr>
<tr><td colspan="4">投运日期</td><td colspan="4"></td><td colspan="4">出厂日期</td><td colspan="4"></td><td colspan="4">出厂编号</td><td colspan="4"></td></tr>
<tr><td colspan="4">设备型号</td><td colspan="4"></td><td colspan="4">结构型式</td><td colspan="4"></td><td colspan="4">额定电流</td><td colspan="4"></td></tr>
<tr><td colspan="4">* * * *</td><td colspan="4"></td><td colspan="4">* * * *</td><td colspan="4"></td><td colspan="4">* * * *</td><td colspan="4"></td></tr>
<tr><td colspan="24">三、试验项目</td></tr>
<tr><td colspan="24">1. ×××试验项目（如绝缘电阻）</td></tr>
<tr><td colspan="24">（见设备对应检测项目要求的格式）</td></tr>
<tr><td colspan="4">试验仪器</td><td colspan="20"></td></tr>
<tr><td colspan="4">项目结论</td><td colspan="20"></td></tr>
<tr><td colspan="24">2. ×××试验项目（如耐压试验）</td></tr>
<tr><td colspan="24">（见设备对应检测项目要求的格式）</td></tr>
<tr><td colspan="4">试验仪器</td><td colspan="20"></td></tr>
<tr><td colspan="4">项目结论</td><td colspan="20"></td></tr>
<tr><td colspan="24">N. ×××试验项目（如绕组电阻）</td></tr>
<tr><td colspan="24">（见设备对应检测项目要求的格式）</td></tr>
<tr><td colspan="4">试验仪器</td><td colspan="20"></td></tr>
<tr><td colspan="4">项目结论</td><td colspan="20"></td></tr>
<tr><td colspan="4">总结论</td><td colspan="20"></td></tr>
<tr><td colspan="4">编制人</td><td colspan="4"></td><td colspan="4">审核人</td><td colspan="4"></td><td colspan="4">批准人</td><td colspan="4"></td></tr>
<tr><td colspan="4">备注</td><td colspan="20"></td></tr>
</table>

## 3.3 设备试验标准化规范

### 3.3.1 业务概述

设备试验按照工作类别分为停电试验和带电检测。带电检测指设备在运行状态下，采用检测仪器对其状态量进行的现场检测。停电检测指需要设备退出运行才能进行的检测试验。按照检测性质分为交接、例行、诊断试验。正常情况下，应依据检测基准周期、项目和标准开展带电检测和停电试验。

### 3.3.2 业务流程

（1）停电试验工作流程如图 3-3 所示。

（2）带电检测工作流程如图 3-4 所示。

| 停电试验工作流程图 | | | |
|---|---|---|---|
| | 试验工作负责人 | 试验班员 | 工作标准（要点） |
| 试验电源接取 | 通知运维人员接取检修电源 | | 通知运行人员，在检修电源箱接取检修电源 |
| 试验前准备工作 | | 布置安措及试验设备，将试验电源接至试验现场 | 1）清退现场无关人员；<br>2）将试验设备摆放在适当位置；<br>3）在试验现场装设临时全封闭围栏 |
| 许可工作 | | 联系检修班组总工作负责人许可作业 | 联系检修班组总工作负责人许可作业，留存记录 |
| 作业实施 | | 按标准化作业指导卡进行试验工作 | 完成试验并记录试验数据，按照规程规范填写试验记录 |
| 作业完结 | | 拆除试验接线，清理试验现场 | 试验人员将试验工作中所用仪器、引线、工器具、资料及其他物品整理齐全。恢复末屏、二次引线等接线，并测试是否恢复完好 |

图 3-3　停电试验工作流程图

| 带电检测工作流程图 | | | |
|---|---|---|---|
| | 试验工作负责人 | 试验班员 | 工作标准（要点） |
| 检修电源接取 | 通知运维人员接取检修电源 | | 通知运行人员，在检修电源箱接取检修电源 |
| 试验准备工作 | | 布置安措及试验设备，将试验电源接至试验现场 | 1）清退现场无关人员；<br>2）将试验设备摆放在适当位置；<br>3）在试验现场装设临时全封闭围栏 |
| 作业实施 | | 按标准化作业指导卡进行试验工作 | 完成试验并记录试验数据，按照规程规范填写试验记录 |
| 作业完结 | | 拆除试验接线，清理试验现场 | 试验人员将试验工作中所用仪器、引线、工器具、资料及其他物品整理齐全。恢复末屏、二次引线等接线，并测试是否恢复完好 |

图 3-4　带电检测工作流程图

（3）绝缘油检测工作流程如图 3－5 所示。

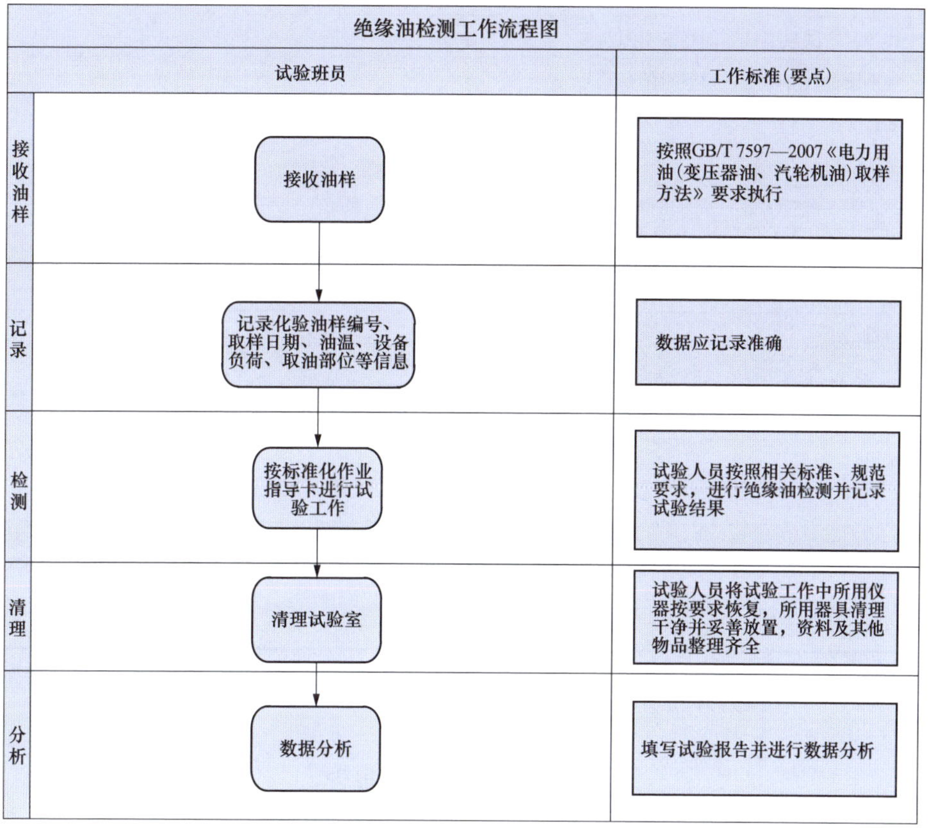


图 3－5　绝缘油检测工作流程图

### 3.3.3　工作记录

（1）试验报告模板如下。

**试　验　报　告**

| 一、基本信息 | | | | | | | |
|---|---|---|---|---|---|---|---|
| 变电站 | | 委托单位 | | 试验单位 | | 试验日期 | |
| 检测分类 | | 试验天气 | | 温度 | | 湿度 | |

| 二、设备铭牌 | | | | | |
|---|---|---|---|---|---|
| 运行编号 | | 生产厂家 | | 额定电压 | |
| 投运日期 | | 出厂日期 | | 出厂编号 | |
| 设备型号 | | 结构型式 | | 额定电流 | |
| * * * * | | * * * * | | * * * * | |

续表

| 三、试验项目 | | | | | |
|---|---|---|---|---|---|
| 1. ×××试验项目（如绝缘电阻） | | | | | |
| （见设备对应检测项目要求的格式） | | | | | |
| 试验仪器 | | | | | |
| 项目结论 | | | | | |
| 2. ×××试验项目（如耐压试验） | | | | | |
| （见设备对应检测项目要求的格式） | | | | | |
| 试验仪器 | | | | | |
| 项目结论 | | | | | |
| N. ×××试验项目（如绕组电阻） | | | | | |
| （见设备对应检测项目要求的格式） | | | | | |
| 试验仪器 | | | | | |
| 项目结论 | | | | | |
| 总结论 | | | | | |
| 编制人 | | 审核人 | | 批准人 | |
| 备注 | | | | | |

（2）带电检测异常分析报告如下。

**带电检测异常分析报告**

一、检测项目和检测过程异常经过

（应包括检测项目、检测日期、检测对象，并简述异常发现的经过，包括异常发生的地点、设备基本情况、检测数据、异常现象等内容。）

二、检测分析

（逐项进行检测数据的分析）

1. ×××检测数据分析（如红外检测）

2. ×××检测数据分析（如超声波局部放电检测）

……

N. ×××检测数据分析（如特高频局部放电检测）

三、综合分析

（综合上述所有检测项目的分析情况，结合设备结构特点，进行综合分析，提出设备发生异常的可能原因并进行故障定位，确定检测结论。）

四、检修处理建议

（根据上述的分析，提出相应的检修处理建议）

附件1：×××检测数据资料（如红外检测）

附件2：×××检测数据资料（如超声波局部放电检测）

……

附件N：×××检测数据资料（如特高频局部放电检测）

### 3.3.4 试验标准作业卡

按照《国家电网公司变电检测管理规定（试行）》［国网（运检/3）829—2017］执行，以主变压器设备为例，模板如下。

**×××变电站××主变压器检测工作**

1. 作业信息　　　　　　编制人：________　审核人：________

| | | | | | |
|---|---|---|---|---|---|
| 设备双重编号 | ×× kV ××主变压器 | 工作时间 | ××××年××月××日××:××至××××年××月××日××:×× | 作业卡编号 | 变电站名称＋工作类别＋年月＋序号 |
| 检测环境 | （温度） | （湿度） | 检测分类 | | |

2. 工序要求

| 序号 | 关键工序 | 标准及要求 | 风险辨识与预控措施 | 执行完打√或记录数据、签字 |
|---|---|---|---|---|
| 1 | 安全准备 | 开工前对被测设备进行必要的验电，并布置好自我保护相关安全措施 | | |
| 2 | 检查设备 | 检查被测设备外观，核对设备铭牌 | | |
| 3 | 拆接电源 | 拆接电源必须两人进行，电源应符合试验要求 | 认真核对设备调度号，防止拆错设备 | 拆接人员： |

续表

| 序号 | 关键工序 | 标准及要求 | 风险辨识与预控措施 | 执行完打√或记录数据、签字 |
| --- | --- | --- | --- | --- |
| 4 | 拆除接头 | 逐项记录拆除引线接头情况 | 认真做好拆除记录，防止遗漏 | 拆除引线接头记录：<br><br>负责人： |
| 5 | 检测实施 | 检测前，明确检测范围，并检查分界点情况，做好相应的安全措施 | | |
| | | 操作过程严格规范，确认检测、试验接线无误 | | |
| | | 检测中，工作人员应注意力集中，合理避让并进行必要的呼唱 | 1）相邻220kV×××带电运行，工作中与带电部分保持足够的安全距离（人员的安全距离大于3m）<br>2）试验过程中严禁无关人员靠近 | |
| | | 每项停电试验后，都应对被试设备进行充分的放电 | | |
| 6 | 记录填写 | 检测中应有专人填写检测记录，并对检测结果参照规程进行判断，若发现异常，应及时向检测负责人汇报，检测负责人视异常情况确定应对方案，必要时向上级管理人员汇报 | | |
| 7 | 现场恢复 | 检查所拆除引线接头恢复情况，确保连接良好 | 结合拆除记录，逐项检查，使用力矩扳手检查接头 | 检查人：<br><br>运维人员： |

## 3. 签名确认

| | |
| --- | --- |
| 工作人员确认签名 | |

## 4. 执行评价

| |
| --- |
| 工作负责人签名：__________ |

## 3.4 缺陷管理标准化规范

### 3.4.1 业务概述

缺陷管理指缺陷的发现、上报、处理、验收等全过程的闭环管理。缺陷管理的各个环节应分工明确、责任到人。

1. 缺陷发现及上报

(1) 各类人员应依据有关标准、规程等要求，认真开展设备巡视、操作、检修、试验等工作，及时发现设备缺陷。

(2) 检修、试验人员发现的设备缺陷应及时告知运维人员。

2. 缺陷处理

设备缺陷的处理时限：危急缺陷处理不超过24h；严重缺陷处理不超过1个月；需停电处理的一般缺陷不超过1个检修周期，可不停电处理的一般缺陷原则上不超过3个月。

3. 消缺验收

验收合格后，由运维人员将处理情况录入PMS，完成闭环管理。

### 3.4.2 业务流程

缺陷管理工作流程如图3－6所示。

### 3.4.3 工作记录

(1) 缺陷记录模板见表3－6。

表3－6　××××年××班缺陷记录

| 序号 | 变电站 | 设备名称 | 设备位置 | 缺陷发现日期 | 设备缺陷情况 | 缺陷类型 | 处理建议 | 处理结果 | 未处理原因 |
|---|---|---|---|---|---|---|---|---|---|
| | | | | | | | | | |
| | | | | | | | | | |
| | | | | | | | | | |

(2) 缺陷处理汇总表模板见表3－7。

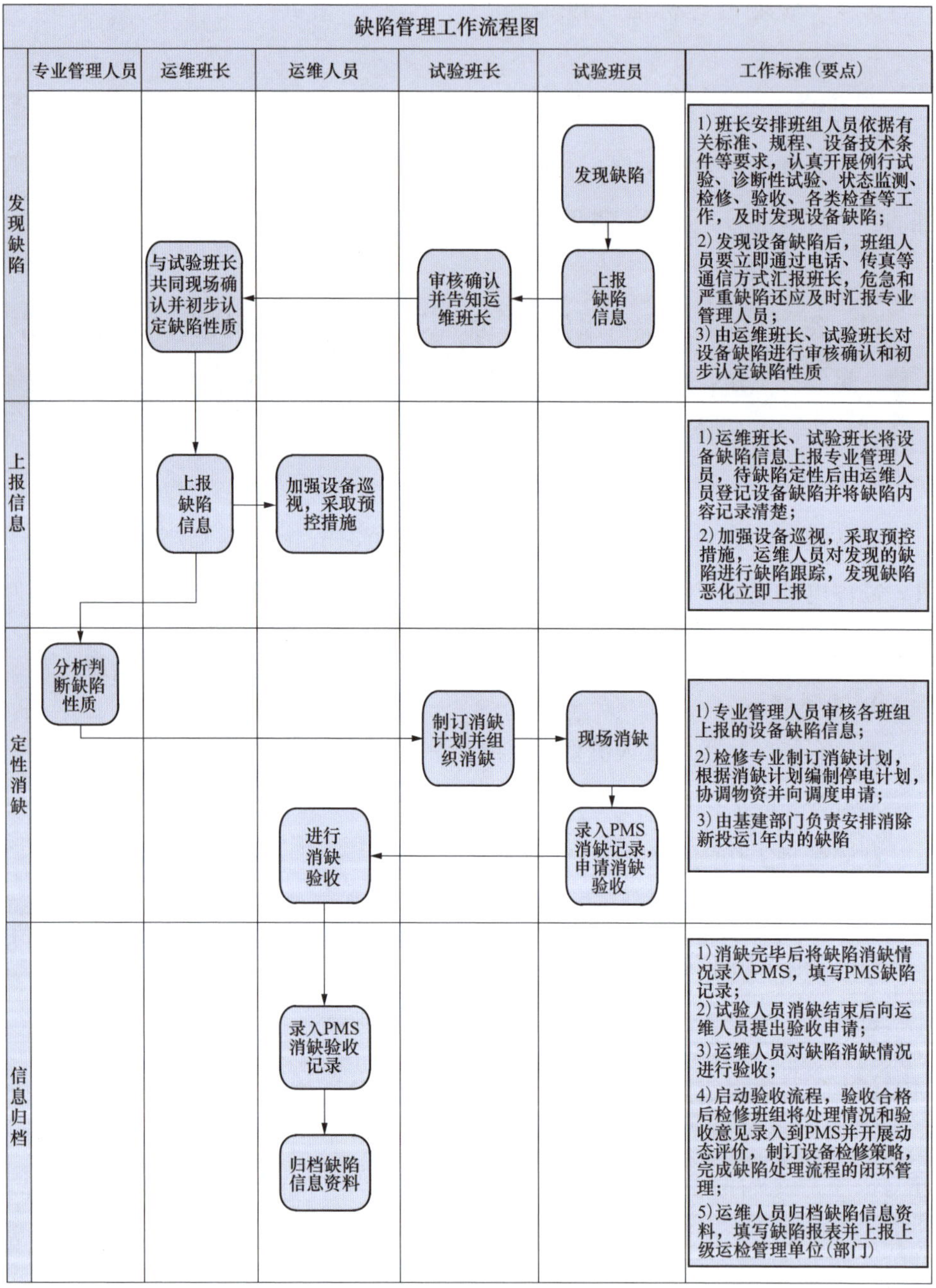


图 3－6　缺陷管理工作流程图

表 3-7 缺陷处理汇总表

| 单位名称 | 计划处理缺陷（项） | 实际处理缺陷（项） | 消缺率（%） | 检修过程中发现缺陷（项） | 实际处理缺陷（项） | 消缺率（%） |
|---|---|---|---|---|---|---|
| | | | | | | |
| | | | | | | |
| | | | | | | |
| | | | | | | |
| | | | | | | |

（3）缺陷处理完成情况模板见表 3-8。

表 3-8 缺陷处理完成情况

| 序号 | 单位 | 变电站 | 设备类型 | 型号 | 设备厂家 | 缺陷描述 | 隐患、缺陷性质 | 缺陷处理情况 | 计划处理时间 | 是否录入PMS | 是否完成处理 |
|---|---|---|---|---|---|---|---|---|---|---|---|
| | | | | | | | | | | | |
| | | | | | | | | | | | |
| | | | | | | | | | | | |
| | | | | | | | | | | | |
| | | | | | | | | | | | |

### 3.4.4 设备缺陷分类标准

设备缺陷分类按照 Q/GDW 1906—2013《输变电一次设备缺陷设备分类标准》执行，以电压互感器设备为例，标准缺陷库模板见表 3-9。

表 3-9 设备缺陷分类标准

| 序号 | 设备类型 | 设备种类 | 部件 | 部件种类 | 部位 | 缺陷描述 | 分类依据 | 缺陷分类 |
|---|---|---|---|---|---|---|---|---|
| 1 | 电压互感器 | | | | | | | |
| | | 干式电压互感器 | | | 本体 | 内部有异常声音 | 内部有放电或爆裂声 | 危急 |
| | | | | | | 冒烟、着火 | 冒烟、着火 | 危急 |
| | | | | | | 外绝缘破损、开裂 | 外绝缘破损、开裂 | 危急 |
| | | | | | | 外绝缘流胶 | 外绝缘流胶 | 危急 |

续表

| 序号 | 设备类型 | 设备种类 | 部件 | 部件种类 | 部位 | 缺陷描述 | 分类依据 | 缺陷分类 |
|---|---|---|---|---|---|---|---|---|
| | | | | | | 外绝缘放电 | 外绝缘放电较为严重，但未超过第二裙 | 严重 |
| | | | | | | | 外绝缘放电超过第二裙 | 危急 |
| | | | | | | 高压熔丝熔断 | 高压熔丝熔断 | 危急 |
| | | | | | | 二次短路 | 二次短路 | 危急 |
| | | | | | | 绕组绝缘电阻不合格 | 试验数据严重超标，无法继续运行 | 危急 |
| | | | | | | | 试验数据超标，可短期维持运行 | 严重 |
| | | | | | | | 试验数据超标，仍可以长期运行 | 一般 |
| | | | | | | 局部放电试验不合格 | 试验数据严重超标，无法继续运行 | 危急 |
| | | | | | | | 试验数据超标，可短期维持运行 | 严重 |
| | | | | | | | 试验数据超标，仍可以长期运行 | 一般 |
| | | | | | | 交流耐压试验不合格 | 试验数据严重超标，无法继续运行 | 危急 |
| | | | | | | | 试验数据超标，可短期维持运行 | 严重 |
| | | | | | | | 试验数据超标，仍可以长期运行 | 一般 |
| | | | | | | 电压比不合格 | 试验数据严重超标，无法继续运行 | 危急 |
| | | | | | | | 试验数据超标，可短期维持运行 | 严重 |
| | | | | | | | 试验数据超标，仍可以长期运行 | 一般 |
| | | | | | 导电接头和引线 | 线夹松动 | 线夹与设备连接平面出现缝隙，螺钉明显脱出，引线随时可能脱出 | 危急 |
| | | | | | | 线夹损坏 | 线夹破损断裂严重，有脱落的可能，对引线无法形成紧固作用 | 危急 |

续表

<table>
<tr><th>序号</th><th>设备类型</th><th>设备种类</th><th>部件</th><th>部件种类</th><th>部位</th><th>缺陷描述</th><th>分类依据</th><th>缺陷分类</th></tr>
<tr><td></td><td></td><td></td><td></td><td></td><td></td><td rowspan="3">引线断股或松股</td><td>截面损失达25%以上</td><td>危急</td></tr>
<tr><td></td><td></td><td></td><td></td><td></td><td></td><td>截面损失达7%以上，但小于25%</td><td>严重</td></tr>
<tr><td></td><td></td><td></td><td></td><td></td><td></td><td>截面损失低于7%</td><td>一般</td></tr>
</table>

## 3.5 设备验收标准化规范

### 3.5.1 业务概述

变电站基建工程验收包括可研初设审查、厂内验收、到货验收、隐蔽工程验收、中间验收、竣工（预）验收、启动验收等七个主要关键环节。

变电站技改工程验收包括可研初设审查、厂内验收、到货验收、隐蔽工程验收、中间验收、竣工验收等六个主要关键环节。

验收方法包括资料检查、旁站见证、现场检查和现场抽查。

资料检查指对所有资料进行检查，设备安装、试验数据应满足相关规程规范要求，安装调试前后数值应有比对，保持一致性，无明显变化。

旁站见证包括关键工艺、关键工序、关键部位和重点试验的见证。

现场检查包括现场设备外观和功能的检查。

现场抽查是指工程安装调试完毕后，抽取一定比例设备、试验项目进行检查，据以判断全部设备的安装调试项目是否按规范执行。现场抽检应明确抽查内容、抽检方法及抽检比例。抽查要求如下：

（1）工程安装调试完毕后，运维单位应对交接试验项目进行抽样检查。

（2）抽样检查应按照不同电压等级、不同设备类别分别进行，抽检项目应根据设备及试验项目的重要程度有所侧重。

（3）对于抽样检查不合格的项目，应责成施工单位对该类项目全部进行重新试验。

（4）对数据存在疑问、现场需要及反复出现问题的设备应进行复试。

设备验收由运维、检修、试验三个专业联合开展，按环节验收。

### 3.5.2 业务流程

（1）设备验收工作流程（基建工程）如图3-7所示。

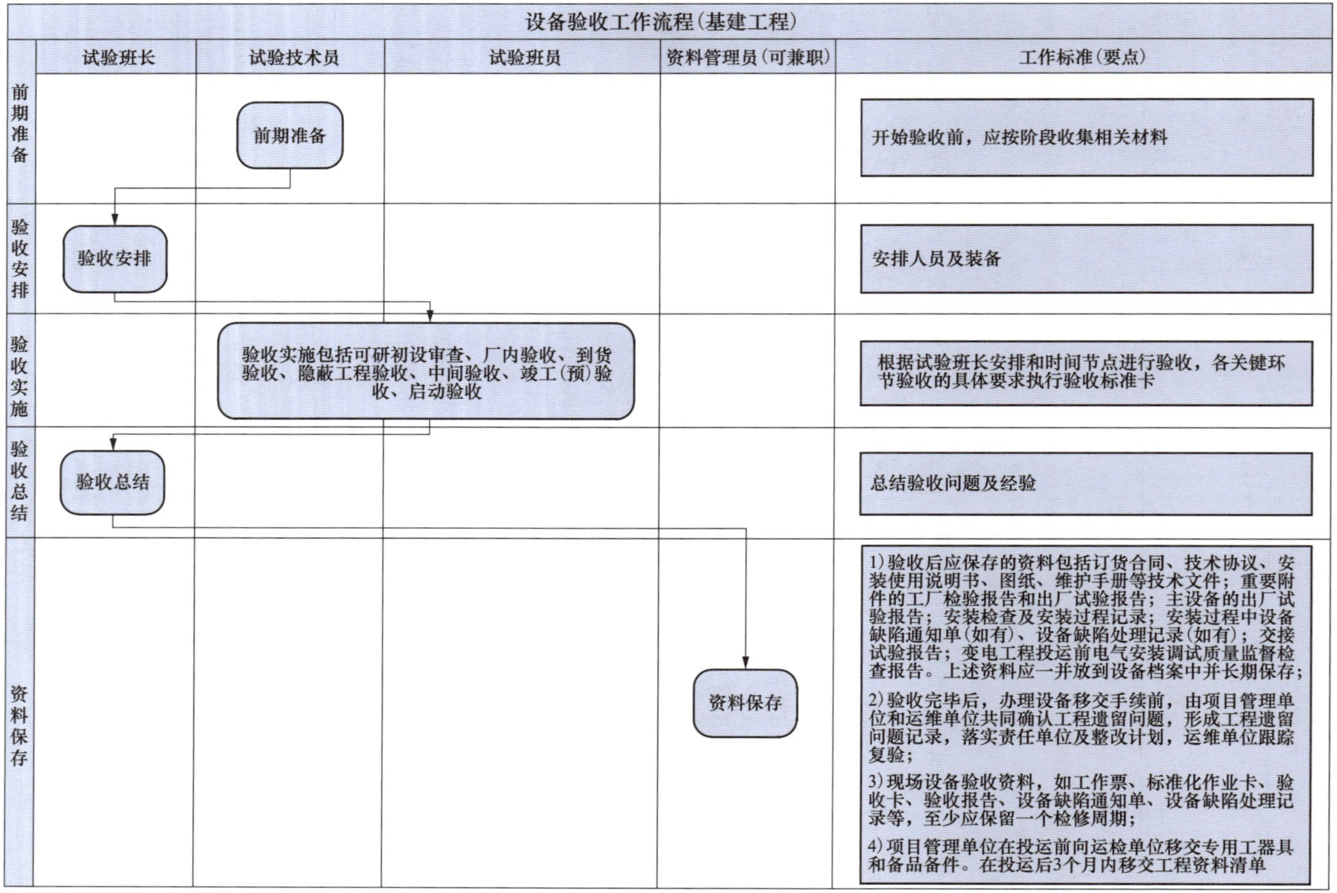


图 3－7　设备验收工作流程图（基建工程）

（2）设备验收工作流程（技改工程）如图 3－8 所示。

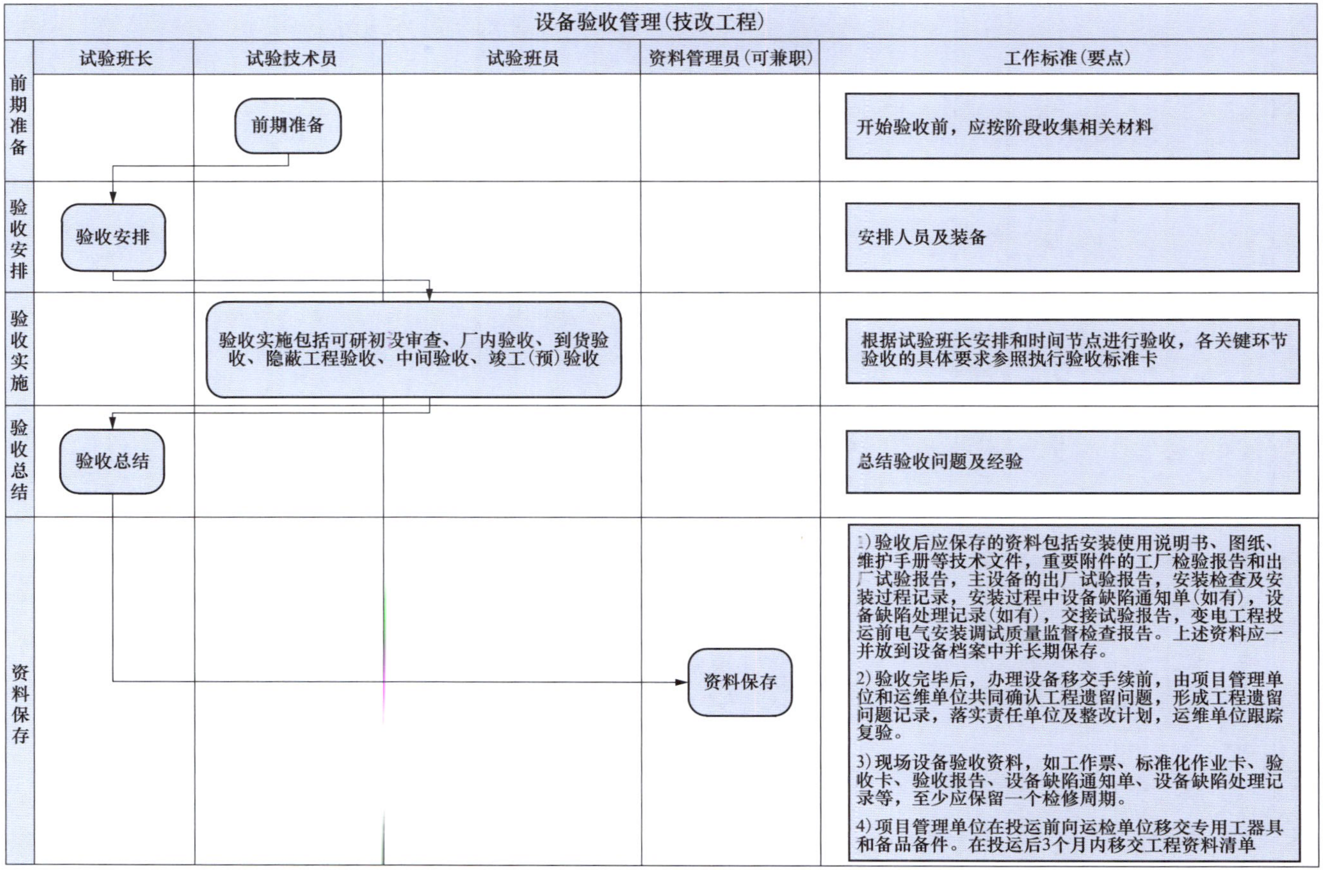


图 3－8　设备验收工作流程图（技改工程）

### 3.5.3 工作记录

（1）移交工程资料清单模板见表 3－10。

**表 3－10　　移交工程资料清单**

| | |
|---|---|
| 铭牌/台账 | 设备型号等设备详细参数 |
| | 设备铭牌 |
| | 操动机构铭牌 |
| 前期资料 | 设备招标规范 |
| | 订货技术协议 |
| 出厂资料 | 产品说明书及安装维护使用手册 |
| | 产品组装图及零部件图 |
| | 监造报告 |
| | 产品合格证 |
| | 备品备件清单运输记录 |
| | 型式试验报告 |
| | 出厂试验报告 |
| 安装报告 | 设备安装、调试报告 |
| | 设备试验报告 |
| | 隐蔽工程图片记录及监理记录 |
| | 监理报告 |
| | 竣工验收报告 |
| 图纸资料 | 主接线图 |
| | 一次设备断面图 |
| | 基础图纸 |
| | 构支架图纸 |
| | 土建竣工图纸 |
| | 设备组装竣工图纸（一次部分） |
| | 一次设备二次原理图（含电气防误） |
| | 交流电源部分图纸（含交流屏图纸部分） |

(2) 变电站验收问题情况汇总表模板见表 3－11。

**表 3－11　　　　变电站验收问题情况汇总表**

××××年××月 ×× 日

| 序号 | 缺陷(问题)内容 | 整改措施 | 责任单位 | 计划完成时间 | 整改完成情况 | 备注 |
|---|---|---|---|---|---|---|
| | | | | | | |
| | | | | | | |
| | | | | | | |
| | | | | | | |
| | | | | | | |

设备运维管理单位签字：　　　　　　　　　施工单位(建管单位)负责人签字：

填写说明：此表一式三份，工程建设管理单位、施工单位、运维单位各保存一份。

(3) 竣工(预)验收及整改记录模板见表 3－12。

**表 3－12　　　　竣工(预)验收及整改记录**

| 序号 | 设备类型 | 安装位置/运行编号 | 问题描述(可附图或照片) | 整改建议 | 发现人 | 发现时间 | 整改情况 | 复验结论 | 复验人 | 备注(属于重大问题的，注明联系单编号) |
|---|---|---|---|---|---|---|---|---|---|---|
| | | | | | | | | | | |
| | | | | | | | | | | |
| | | | | | | | | | | |

(4) 重大问题反馈联系单模板见表 3－13。

表 3-13 **重大问题反馈联系单**

编号： 单位：××公司 变电站：××变电站

| | | | |
|---|---|---|---|
| 发出单位/部门 | | 联系人 | |
| 验收单位 | | 验收人 | |
| 接受单位/部门 | | 联系人 | |
| 项目名称 | | 设备类别 | |
| 安装位置/运行编号（生产工号） | | 厂家及型号 | |
| 问题名称 | | | |
| 问题描述：<br>（可附图、附件） | | | |
| 整改建议： | | | |
| （盖章）<br>日期：××××年××月××日 | | | |

填写说明：一式三份，发出方、接受方、运检单位各一份。

（5）工程遗留问题记录模板见表 3-14。

**表 3-14　　工程遗留问题记录**

| | | | | |
|---|---|---|---|---|
| 工程项目名称 | | | | |
| 建设管理单位（部门） | ××公司（盖章） | | 运维管理单位 | ××单位（盖章） |
| 建设管理单位（部门联系人） | | | 运维管理单位联系人 | |
| 投运日期 | | | | |
| 遗留问题记录清单 | | | | |
| 序号 | 问题描述（可附图或照片） | | 整改责任单位 | 限期完成日期 |
| | | | | |
| | | | | |
| | | | | |
| | | | | |
| | | | | |
| | | | | |
| | | | | |
| | | | | |
| | | | | |

填写说明：一式二份，建设管理单位（部门）、运维单位（部门）各留存一份。

### 3.5.4　验收标准卡

按照《国家电网公司变电验收管理规定（试行）》［国网（运检/3）827—2017］变电验收管理规定细则执行，以变压器设备为例，可研初设审查验收标准卡模板见表 3-15。

表 3-15　　变压器可研初设审查验收标准卡

<table>
<tr><td rowspan="2">变压器基础信息</td><td>工程名称</td><td colspan="2"></td><td>设计单位</td><td colspan="2"></td></tr>
<tr><td>验收单位</td><td colspan="2"></td><td>验收日期</td><td colspan="2"></td></tr>
<tr><td>序号</td><td>验收项目</td><td>验收标准</td><td>检查方式</td><td>验收结论（是否合格）</td><td>验收问题说明</td></tr>
<tr><td colspan="4">一、参数选型验收</td><td colspan="2">验收人签字：</td></tr>
<tr><td>1</td><td>主变压器接线组别</td><td>主变压器接线组别应与接入电网一致</td><td>资料检查</td><td>□是　□否</td><td></td></tr>
<tr><td>2</td><td>主变压器容量</td><td>主变压器各侧容量比应符合标准参数要求</td><td>资料检查</td><td>□是　□否</td><td></td></tr>
<tr><td>3</td><td>短路阻抗</td><td>1）审查短路电流计算报告，阻抗选择应满足系统短路电流控制水平；<br>2）短路阻抗不能满足短路电流控制要求，应考虑采取短路电流限制措施，如低压侧加装串联电抗器；<br>3）扩建主变压器的阻抗与运行主变压器阻抗应保持一致</td><td>资料检查</td><td>□是　□否</td><td></td></tr>
<tr><td>4</td><td>电压变比</td><td>主变压器各侧电压变比应符合标准参数要求，扩建主变压器的电压变比与运行主变压器应保持一致</td><td>资料检查</td><td>□是　□否</td><td></td></tr>
<tr><td>5</td><td>外绝缘爬距</td><td>1）套管爬距应依据最新版污区分布图进行外绝缘配置；<br>2）户内非密封设备外绝缘与户外设备外绝缘的防污闪配置级差不宜大于一级；<br>3）中性点不接地系统的设备外绝缘配置至少应比中性点接地系统配置高一级，直至达到e级污秽等级的配置要求</td><td>资料检查</td><td>□是　□否</td><td></td></tr>
<tr><td>6</td><td>调压方式选择</td><td>根据无功电压计算，选择适当的有载/无励磁调压方式</td><td>资料检查</td><td>□是　□否</td><td></td></tr>
<tr><td>7</td><td>冷却方式</td><td>优先选用自然油循环风冷或自冷方式的变压器</td><td>资料检查</td><td>□是　□否</td><td></td></tr>
<tr><td colspan="4">二、附属设备验收</td><td colspan="2">验收人签字：</td></tr>
<tr><td>8</td><td>消防设施</td><td>125MVA 容量以上变压器应配置专用消防装置</td><td>资料检查</td><td>□是　□否</td><td></td></tr>
</table>

续表

| 序号 | 验收项目 | 验收标准 | 检查方式 | 验收结论（是否合格） | 验收问题说明 |
|---|---|---|---|---|---|
| 9 | 过电压保护 | 变压器各侧应配置过电压保护，特别关注变压器低压侧中性点应配置过电压保护装置 | 资料检查 | □是 □否 | |
| 10 | 断流阀 | 采用排油注氮保护装置的变压器，本体储油柜与气体继电器间应设断流阀 | 资料检查 | □是 □否 | |
| 三、土建部分验收 | | | | 验收人签字： | |
| 11 | 运输道路 | 运输方案是否可行，道路是否经过勘查 | 资料检查 | □是 □否 | |
| 12 | 检修通道 | 检修通道是否满足现场运维检修需求 | 资料检查 | □是 □否 | |
| 13 | 事故油池 | 事故油池设置是否合理 | 资料检查 | □是 □否 | |

# 附录A　电气试验业务规范化清单

| 工作项目 | 工作小项 | 完成时间或周期 | 依据 | 工作流程 | 工作记录标准 |
|---|---|---|---|---|---|
| 人员培训 | 制订培训计划 | 每月至少一次 | 《国家电网公司变电检测管理规定（试行）》[国网（运检/3）829—2017] 第十五章、第十六章 | 人员培训工作流程 | 培训计划填报表模板 |
| | 实施培训 | 每月至少一次 | | | 员工培训教案模板 |
| | 培训总结 | 每月至少一次 | | | 员工培训记录模板 |
| | 检查 | 每月至少一次 | | | |
| 安全活动 | 活动准备 | 每周五前 | 《国家电网公司变电检测管理规定（试行）》[国网（运检/3）829—2017]第十一章<br>《国家电网公司安全活动规定》 | 安全活动工作流程 | |
| | 组织活动 | 一般为每周五（具体时间可根据本班组实际情况自行安排） | | | |
| | 参与活动 | 一般为每周五（具体时间可根据本班组实际情况自行安排） | | | |
| | 活动总结 | 活动结束后原则上不得超过3个工作日 | | | 安全活动记录模板 |
| | 归档 | 活动结束后原则上不得超过3个工作日 | | | |
| 档案资料管理 | 组织安排 | 该项为日常工作 | 《国家电网公司变电检测管理规定（试行）》[国网（运检/3）829—2017] | 档案资料管理工作流程 | |
| | 档案整理 | | | | 试验班应具备的资料目录 |
| | 定期检查 | | | | 档案资料检查记录模板 |

续表

| 工作项目 | 工作小项 | 完成时间或周期 | 依据 | 工作流程 | 工作记录标准 |
|---|---|---|---|---|---|
| 试验装备管理 | 建立台账 | 及时 | 《国家电网公司变电检测管理规定（试行）》［国网（运检/3）829—2017］第十五章、第十六章<br>《国家电网公司电网备品备件管理规定》 | 试验大厅（库房）物品管理工作流程 | 试验仪器装备及工器具台账记录模板<br>试验仪器装备借用记录模板<br>备品备件台账记录模板<br>备品备件使用记录模板<br>备品备件检查记录模板<br>安全工器具检查记录模板<br>安全工器具台账记录模板<br>安全工器具试验计划表<br>试验（检测）仪器校验周期 |
| | 物品清查 | 每半年 | | | |
| | 物品检查 | 仪器仪表每季度一次 | | | |
| | 安全工器具、试验仪器装备的定期校验（试验） | 根据安全工器具、仪器仪表试验周期 | | | |
| | 物品出入库 | 及时 | | | |
| | 物品存放 | 及时 | | | |
| | 问题汇报 | 及时 | | | |
| | 协调解决问题 | 及时 | | | |
| 精益化管理评价 | 组织开展自我评价 | 每年7～8月开展 | 《国家电网公司变电评价管理规定（试行）》［国网（运检/3）830—2017］第三章、第四章 | 精益化管理评价工作流程 | |
| | 按照细则逐台逐相对所辖变电站进行自评价，并留存相关图片及资料 | 评价周期为3年，每座变电站3年内开展1次精益化评价 | | | 精益化管理评价指导卡 |
| | 整理相关图片及资料，发现问题录入生产管理系统 | 不少于1至2周 | | | 变电精益化检查问题明细表及汇总表模板 |
| | 组织班员在整改期限内完成整改 | 整改期限为：危及运行安全的，应立即安排处理；不需停电即可处理的，应在3个月内完成整改；暂不危及运行安全又需停电处理的，应在综合评估的基础上制订停电检修改造计划；暂时无法整改的要制订预控措施，确保风险可控 | | | 交流变电站精益化评价整改情况统计表模板 |
| | 执行整改任务 | | | | |
| | 将问题整改情况交由运维技术员录入生产管理系统 | | | | |

续表

| 工作项目 | 工作小项 | 完成时间或周期 | 依据 | 工作流程 | 工作记录标准 |
|---|---|---|---|---|---|
| 设备年度状态评价 | 制订评价计划 | 每年开展1次 | 《国家电网公司变电评价管理规定（试行）》［国网（运检/3）830—2017］第三章、第五章 | 设备年度状态评价工作流程 | |
| | 计划实施 | 每年5月 | | | 年度状态评价报告模板<br>输变电设备状态检修综合报告模板<br>设备状态统计表模板<br>××××年评价需要停电检修设备统计表模板<br>变电站设备状态评价模板<br>设备状态评价标准卡 |
| | 评价上报 | 根据上级运检管理单位（部门）安排 | | | |
| 设备动态评价 | 发现异常 | 立即 | 《国家电网公司变电评价管理规定（试行）》［国网（运检/3）830—2017］第三章、第六章 | 设备动态评价工作流程 | |
| | 评价实施 | 不良工况后，带电检测异常评价1周内完成 | | | 设备动态评价报告模板 |
| | | 检修试验工作结束后2周内完成 | | | |
| | | 危急缺陷立即完成 | | | |
| | | 严重缺陷24h内完成 | | | |
| | | 一般缺陷1周内完成 | | | |
| | | 设备投运后1个月内组织开展并在3个月内完成 | | | |
| | 问题上报 | 及时 | | | |
| 工作计划 | 年检修计划 | 每年9月制订下一年度计划 | 《国家电网公司变电检修管理规定（试行）》［国网（运检/3）831—2017］第四章 | 工作计划工作流程 | 年检修计划模板<br>月检修计划模板<br>周工作计划模板<br>带电检测计划模板<br>检测项目、周期和标准 |
| | 月检修计划 | 每月5日前提报下月 | | | |
| | 周工作计划 | 每周三提报下周 | | | |
| | 大中型检修计划 | 及时 | | | |

续表

| 工作项目 | 工作小项 | 完成时间或周期 | 依据 | 工作流程 | 工作记录标准 |
| --- | --- | --- | --- | --- | --- |
| 标准化作业 | 编制工作任务单并下发 | 及时 | 《国家电网公司变电检测管理规定（试行）》[国网（运检/3）829—2017] 第十三章<br>《国家电网公司变电检修管理规定（试行）》[国网（运检/3）831—2017] 第十四章<br>《国家电网公司变电运维管理规定（试行）》[国网（运检/3）828—2017] 第十八章 | 标准化作业工作流程 | 变电站（发电厂）第一种工作票模板<br>变电站（发电厂）第二种工作票模板<br>现场勘察记录模板<br>试验报告模板 |
| | 开展检修现场勘察 | 必要时开工前进行 | | | |
| | 标准化作业文本编制 | 作业前2个工作日 | | | |
| | 标准化作业指导卡审批 | 及时 | | | |
| | 工作票的编制及发送 | 第一种工作票在工作前1个工作日，发送至许可人；第二种工作票在开工前发送至许可人 | | | |
| | 开展检修作业前准备工作 | 开工前 | | | |
| | 现场开工 | 按时 | | | |
| | 现场作业 | 15个工作日内 | | | |
| | 开展自验收 | 及时 | | | |
| | 开展验收 | 及时 | | | |
| | 将试验结果录入PMS | 每月 | | | |
| | 归档变电试验工作资料 | 每月 | | | |
| | 试验报告审核 | | | | |
| | 试验报告归档 | | | | |
| | 试验报告移交 | | | | |

续表

| 工作项目 | 工作小项 | 完成时间或周期 | 依据 | 工作流程 | 工作记录标准 |
|---|---|---|---|---|---|
| 设备试验 | 停电试验 | 各个设备详细项目按照“五通”要求 | 《国家电网公司变电检测管理规定（试行）》［国网（运检/3）829—2017］<br>《输变电设备状态检修试验规程》 | 停电试验工作流程 | 试验标准作业卡<br>试验报告模板 |
| | 带电检测 | 各个设备详细项目按照“五通”要求 | | 带电检测工作流程 | 带电检测异常分析报告模板 |
| | 绝缘油检测 | 各个设备详细项目按照“五通”要求 | | 绝缘油检测工作流程 | |
| 缺陷管理 | 发现缺陷 | 及时 | 《国家电网公司变电运维管理规定（试行）》［国网（运检/3）828—2017］第十一章<br>《国家电网公司变电检修管理规定（试行）》［国网（运检/3）831—2017］<br>《国家电网公司变电检测管理规定（试行）》［国网（运检/3）829—2017］<br>《国家电网公司变电验收管理规定（试行）》［国网（运检/3）827—2017］ | 缺陷管理工作流程 | 缺陷记录模板 |
| | 上报缺陷信息 | 及时上报，缺陷发现后72h内必须录入到生产管理系统中 | | | |
| | 审核确认 | 及时 | | | |
| | 制订消缺计划并组织消缺 | 及时 | | | |
| | 现场消缺 | 需停电处理的一般缺陷不超过1个检修周期，可不停电处理的一般缺陷原则上不超过3个月 | | | 缺陷处理汇总表模板<br>缺陷处理完成情况模板<br>设备缺陷分类标准 |
| | | 严重缺陷处理不超过1周 | | | |
| | | 危急缺陷处理不超过24h | | | |
| | 录入PMS消缺记录申请消缺验收 | 及时 | | | |

续表

| 工作项目 | 工作小项 | 完成时间或周期 | 依据 | 工作流程 | 工作记录标准 |
|---|---|---|---|---|---|
| 设备验收 | 基建工程验收 | 班组接到下发的验收通知后进行前期准备、验收安排和验收实施 | 《国家电网公司变电验收管理规定（试行）》［国网（运检/3）827—2017］ | 设备验收工作流程（基建工程） | 验收标准卡<br>移交工程资料清单模板<br>变电站验收问题情况汇总表模板<br>竣工（预）验收及整改记录模板<br>重大问题反馈联系单模板<br>工程遗留问题记录模板 |
| | | 根据验收计划按时开展验收 | | | |
| | | 验收完成后进行验收总结并保存资料 | | | |
| | 技改工程验收 | 班组接到下发的验收通知后进行前期准备、验收安排和验收实施 | | 设备验收工作流程（技改工程） | |
| | | 根据验收计划按时开展验收 | | | |
| | | 验收完成后进行验收总结并保存资料 | | | |

# 附录B 引用制度标准

| 序号 | 制度（标准）名称 | 制度（标准）编号 |
|---|---|---|
| 1 | 《国家电网公司变电检修管理规定（试行）》 | 国网（运检/3）831—2017 |
| 2 | 《国家电网公司变电评价管理规定（试行）》 | 国网（运检/3）830—2017 |
| 3 | 《国家电网公司变电验收管理规定（试行）》 | 国网（运检/3）827—2017 |
| 4 | 《国家电网公司变电检测管理规定（试行）》 | 国网（运检/3）829—2017 |
| 5 | 《国家电网公司变电运维管理规定（试行）》 | 国网（运检/3）828—2017 |
| 6 | 《国家电网公司变电运维检修管理办法（试行）》 | 国网（运检/2）826—2017 |
| 7 | 《国家电网公司技术监督管理规定》 | 国网（运检/2）106—2017 |
| 8 | 《国家电网公司十八项电网重大反事故措施》 | 国家电网设备〔2018〕979号 |
| 9 | 《国家电网公司电网设备状态检修管理规定》 | 国网（运检/3）298—2014 |
| 10 | 《国家电网公司运检装备配置使用管理规定》 | 国网（运检/3）300—2014 |
| 11 | 《国家电网公司电网备品备件管理规定》 | 国网（运检/3）410—2014 |
| 12 | 《国家电网公司关于印发〈输变电设备风险评估导则〉等32项运维检修标准的通知》 | 国家电网企管〔2014〕644号 |
| 13 | 《国家电网公司电网设备缺陷管理规定》 | 国网（运检/3）297—2014 |
| 14 | 《国家电网公司生产准备及验收管理规定》 | 国网（运检/3）296—2014 |
| 15 | 《国家电网公司安全事故调查规程》 | 国家电网安监〔2011〕2024号 |
| 16 | 《国家电网公司防止变电站全停十六项措施》 | 国家电网运检〔2015〕376号 |
| 17 | 《国家电网公司电力安全工作规程（变电部分）》 | Q/GDW 1799.1—2013 |
| 18 | 《国家电网公司安全工作规定》 | 国网（安监/2）406—2014 |
| 19 | 《国家电网公司电网设备供电保障运维管理规范》 | 国网（运检/4）315—2014 |
| 20 | 《输变电设备状态检修试验规程》 | Q/GDW 1168—2013 |
| 21 | 《闪点的测定　宾斯基-马丁闭口杯法》 | GB/T 261 |
| 22 | 《石油产品酸值测定法》 | GB 264 |
| 23 | 《绝缘油击穿电压测定法》 | GB/T 507 |
| 24 | 《石油产品凝点测定法》 | GB/T 510 |
| 25 | 《变压器油中溶解气体分析和判断导则》 | GB/T 7252 |
| 26 | 《运行中变压器水溶性酸测定法》 | GB/T 7598 |
| 27 | 《运行中变压器水分含量测定法（库伦法）》 | GB/T 7600 |
| 28 | 《运行中变压器、汽轮机油水分测定法（气相色谱法）》 | GB/T 7601 |
| 29 | 《绝缘油中溶解气体组分含量的气相色谱测定法》 | GB/T 17623 |

续表

| 序号 | 制度（标准）名称 | 制度（标准）编号 |
|---|---|---|
| 30 | 《变压器油、汽轮机油酸值测定法（BTB 法）》 | GB/T 28552 |
| 31 | 《绝缘油中含气量测定方法　真空压差法》 | DL/T 423 |
| 32 | 《电力系统油质试验方法　绝缘油介电强度测量法》 | DL/T 429 |
| 33 | 《电力用油中颗粒污染度测量方法》 | DL/T 432 |
| 34 | 《绝缘油中含气量的测试方法（二氧化碳洗脱法）》 | DL/T 450 |
| 35 | 《变压器油中溶解气体分析与判断导则》 | DL/T 722 |
| 36 | 《油中颗粒数及尺寸分布测量方法（自动颗粒计数仪法）》 | SD 313 |
| 37 | 《1000kV 交流电气设备预防性试验规程》 | GB/T 24846 |
| 38 | 《1000kV 系统电气装置安装工程　电气设备交接试验标准》 | GB/T 50832 |
| 39 | 《电气装置安装工程　电气设备交接试验标准》 | GB 50150 |
| 40 | 《国网内蒙古东部电力有限公司关于印发进一步加强和规范输变电工程验收及启动试运行管理的指导意见的通知》 | 蒙东电建设〔2019〕180 号 |

## 变电站标准化工作手册

标准化体系研究与构建

变电运维

变电检修

• 电气试验

中国电力出版社官方微信

中国电力百科网网址

ISBN 978-7-5198-3233-9

9 787519 832339 >

定价：46.00 元

上架建议：电力工程

# 电力需求侧管理智慧能源研究与实践

周克楠 等 编著

中国电力出版社
CHINA ELECTRIC POWER PRESS